2023《產業人物》雜誌

台積電・夥伴供應鏈・創新

印能、益華、台灣高科技廠房設施協會、漢民、宜特

潘冀聯合建築師、帆宣、崇越、東京威力科創、漢唐、偉詮

（依英文名稱排序）

施敏　半導體聖經第四版面市

工研院 50 周年特別專題

竹科產值創新高

產學合作：張鼎張、陳冠能

創新投資：沈國榮、謝達仁、羅家慶

企劃：產業人物 Wa-People
出版：宏津數位

P.22 P.18 P.14

COVER STORY
台積電
夥伴供應鏈、創新
印能、益華、台灣高科技廠房設施協會
漢民、宜特、潘冀聯合建築師、帆宣
崇越、東京威力科創、漢唐、偉詮
（依英文名稱排序）

Contents

產業人物 Wa-People 主筆
王麗娟

決定出發的那一刻起

成長過程中，一直在試著認識自己、並觀察大環境。心裡想著，我適合為社會做出什麼貢獻呢？很幸運地，大學畢業後，我進入第三波文化擔任雜誌編輯，發現自己喜歡、也挺適合這份工作。因為每天「起床張開眼，就很想去做事！」

從「0與1科技」雜誌國際版、「新電子」雜誌，到創刊「CAD與自動化」雜誌及「資訊小子」雜誌，期間，我們的董事長施振榮還曾經把「交大友聲」雜誌，送交編輯部來讓我們編製。

沒想到，到竹科擔任產業記者十年後，2008 年創業的我們，就因為曾經編製過「交大友聲」雜誌，而獲得交大校友會的委任，兩年時間，將這份匯聚交大校友好情誼的重要刊物交給我們負責。這份幸運，是我們的重要貴人，胡定華先生事後才讓我們知道的。

擔任了 10 年雜誌編輯，接著報導了 10 年產業新聞後，我帶著傻勁創業了。決定出發的那一刻起，我們想做的事，就是典藏津津有味的產業故事。

從新聞平台《產業人物 Wa-People》wa-people.com 開始，接著出版人物傳記、以及《產業人物》雜誌。公司取名「宏津」，第一個字，是感謝宏碁第三波，培養並激發我作為媒體人的修養與熱情。

去年，我們出版的《用心創新，站在世界舞台上》，獲得金書獎，這是創業十五年來首次獲獎，團隊相當開心興奮。在我心中，最感謝的是書中慷慨分享故事的五位主角。

其中，盟立集團總裁孫弘、欣銓科技董事長盧志遠，可説是被動創業；而和大工業董事長沈國榮、宜特科技董事長余維斌的創業，則是自發的、主動的。他們靠著自己的智慧，用心創新，率領團隊站上世界舞台！！採訪過程中，斗膽創業的我們備受鼓舞、深受啟發，心中最大的聲音就是，「這麼

三大科學園區 2022 產值突破 4.2 兆

園　　區	竹　科	中　科	南　科	總　計
2022 產值	1.61 兆元	1.16 兆元	1.48 兆元	4.25 兆元
家　　數	617	236	271	1,124
人　　員	17.5 萬人	5.6 萬人	9.1 萬人	32.3 萬人

資料來源：國家科學及技術委員會（NSTC）　　　　產值：新台幣
整理製表：產業人物 Wa-People　　　　　　　　家數／人員：2023.06

好的故事，一定要讓更多年輕人知道！」今年在《產業人物》雜誌上，我們又為大家繼續報導了和大及宜特的成長動能！

2022 年，雖然疫情持續衝擊著大家的生活，但產業依舊隆隆前進，台積電的營收在 2022 年突破新台幣 2 兆元，距離突破 1 兆元的 2018 年，不過短短四年。

「治絲益棼」，是台積電董事長劉德音在「2021 李國鼎紀念論壇」演講時提到的四個字，至今深烙在我的腦海。整理繁雜的絲線時，如果不先找出頭緒，可能會越理越亂。在美中貿易戰、許多國家都來邀請台積電前往投資設廠的局勢下，我們看到台積電持續穩健前進。2022 年底，位於南科的三奈米廠舉行量產暨擴廠典禮，不但製程取得相當好的良率，同時，還要增量擴產；七個月後，台積電設在竹科的「全球研發中心」也啟用了，強調根留臺灣！

2022 年，竹科、中科、南科，總產值突破新台幣 4.2 兆元。這樣的成績，是園區廠商與夥伴及供應鏈廠商共同締造的。「產官學研」短短四字，攸關著國家進步與人民幸福！只要產官學研同心協力，就能彷彿交響樂般，奏出和諧美好的樂章。感謝今年接受專訪、支持贊助、指導我們出版的「產官學研」精彩人物！

祝產業興旺！願天佑臺灣！

3 奈米擴產、全球研發中心
領先釋放卓越創新

文：王麗娟　圖：台積公司

2022 年，台積電營收突破新台幣 2 兆元，距離 2018 年突破 1 兆元僅相隔四年。2023 年 7 月底，張忠謀在台積電全球研發中心啟用典禮上，說出台積電的致勝關鍵！

從 7 奈米開始，領先全球

1987 年，剛創立的台積電，從 3 微米及 2.5 微米的製程技術，開始切入市場。到了 1999 年，台積電領先業界推出 0.18 微米的銅製程商業量產服務，銅製程的好處是低阻抗、低耗電、高效能，同時也具有很好的可靠度。

2001 年，台積電推出業界首套參考設計流程，這個創新的做法，大幅降低客戶在踏進高階製程時的門檻。2007 年，台積電開始採用浸潤式曝光技術（immersion lithography）量產 45 奈米的製程，這項技術以水為媒介，在鏡頭跟晶片中間注入水，大幅地降低曝光的尺寸。

2008 年，台積電邀約技術夥伴，形成半導體生態系，並進一步發揚光大。台積電為這個生態系命名為「開放創新平台」（簡稱 OIP），整合半導體設計產業、台積電的矽智材技術，以及後段封裝測試等服務，幫助客戶擁有更好的工具，加快創新腳步。透過 OIP 台積電也傳遞一個重要訊息，那就是「幫助客戶創新、不與客戶競爭、忠實夥伴」的定位。

過去十年，台積電在晶片的微縮技術，不斷取得進展。2018 年 4 月，台積電的 7 奈米進入量產後，從此技術大幅領先，贏得全球冠軍寶座。

2022 營收突破 2 兆　3 奈米量產

「2022 年是台積電具有里程碑意義的一年。」這一年，台積電營收首度突破新台幣 2

台積電創辦人張忠謀

兆元，2022 年底，位於南科的 3 奈米晶圓廠量產，再度領先全球。

2023 年 6 月，台積電董事長劉德音向股東們報告，2022 年台積電營收連續第十三年創新高，達 2.26 兆元。距離 2018 年營收突破 1 兆元的里程碑，僅相隔四年；同時，2022 年每股盈餘新台幣 39.2 元，三年間幾乎增長兩倍。

在全球化和自由貿易倒退、地緣政治局勢緊張下，台積電加大了研發力度，研發投入 54.7 億美元，並不斷與客戶緊密合作，實現了 3 奈米技術領先全球的目標。積極研發中的 2 奈米技術，計劃 2024 年進行風險生產，並於 2025 年量產。

2022 年，台積電總營收佔全球半導體（不

包括記憶體）產值的 30%，提供 288 種不同的工藝技術，為 532 家客戶生產了 12,698 種產品。以 12 吋晶圓計算，台積電 2022 年總出貨量為 1,530 萬片。以製程技術看，7 奈米及 5 奈米等先進技術，佔總收入過半達 53%。

隨著世界各地地緣政治緊張，台積電的客戶也開始重視更多的地理製造靈活性。在客戶要求下，台積電擴大全球製造足跡。

在臺灣，繼 3 奈米技術在南科的晶圓十八廠量產後，2 奈米技術也將於 2025 年在竹科及中科的晶圓廠量產；在美國亞利桑那州，將建造兩座先進半導體廠，分別採用 4 奈米和 3 奈米技術；在日本熊本，將興建一座 12 吋廠，預計 2024 年底前投產；在德國德勒斯登，建廠

台積電 3 奈米量產暨擴廠典禮，左起應用材料集團副總裁余定陸、國立成功大學校長蘇慧貞、互助營造董事長林志聖、台南市市長黃偉哲、經濟部部長王美花、台積董事長劉德音、行政院副院長沈榮津、國家科學及技術委員會主任委員吳政忠、台積資深副總秦永沛、漢唐集成董事長李惠文、長春石化總經理蔡智全、廣明實業副董事長林宏信合影（2022.12.29）

時間將從 2024 年下半年開始，並計畫於 2027 年底投產。

強力投資研發、緊密合作

2023 年 7 月 28 日，台積電全球研發中心啟用。台積電創辦人張忠謀、董事長劉德音、總裁魏哲家出席致詞，行政院院長陳建仁、國科會主委吳政忠、經濟部長王美花、新竹縣長楊文科、清大校長高為元受邀出席觀禮，台積電董事曾繁城、研發資深副總羅唯仁、研發資深副總米玉傑、研發與技術研究資深副總侯永清，與眾多台積電客戶與合作夥伴，一起出席盛會。

張忠謀致詞時，首先對台積電的研發（R&D）團隊及營運（Operations）團隊表達敬意。他說，近五至十年以來，這兩個團隊對台積電的貢獻、對世界半導體業的貢獻，甚至對世界經濟的貢獻，是很大的。

「台積電從創立開始就堅持技術自主，拒絕了包括飛利浦（Philips）在內的許多誘惑，」張忠謀強調，「我們不購買技術，而是交給 Philips 相當貴的費用，同時保住我們的技術自主權，在大約五到十年期間，接受 Philips 的專利傘保護，避免專利權的騷擾。」

「從技術自主到技術領先，這是一條漫長的路，台積電走了幾乎三十年！」張忠謀說，一直到 7 奈米，台積電才有十分的信心說自己的技術取得領先。在這漫長的時間裡，台積電有一件巨大的工作，「那就是把 R&D 團隊建立起來。」

「8%，是台積電每年從營收投入研發的比

台積電自 7 奈米起　領先全球

年份	技術	年度大事	營收
2017	7 奈米	台積電三十周年 業界第一　7 奈米推出設計生態系統	9774 億元
2018	7 奈米，量產	2018 年營收突破 1 兆元 業界第一　7 奈米量產　（2018.04） 創辦人張忠謀退休　　　（2018.06.05）	1.03 兆元
2019	7 奈米進階版	業界第一　7 奈米進階版、極紫外光 EUV 製程量產、成功進軍汽車領域	1.07 兆元
	5 奈米	業界第一　5 奈米推出設計生態系統及試產	
2020	7 奈米	7 奈米出貨裸晶片突破 10 億顆（2020.07） 全球數十家公司、一百多種晶片採用，寫下客戶快速接受新製程的紀錄	1.33 兆元
	5 奈米，量產	業界第一　5 奈米量產（2020 上半年）	
	3 奈米	3 奈米研發推展中	
2021	5 奈米量產第二年	業界最具競爭力的尖端技術，智慧手機和 HPC 需求持續強勁，佔 2021 年總收入 19%	1.58 兆元
	3 奈米	已開發出對 HPC 和智慧型手機應用的完整平台，為 2022 年下半年的量產做好準備	
	2 奈米	開發計劃進行中	
	16／12 奈米 28／22 奈米	宣布：在日本熊本，設立「日本先進半導體製造」公司（JASM），與日本 Sony、Toyota、Denso 合資（2021.11.09） 投產（預計 2024 年底前）	
2022	3 奈米，量產	2022 年營收突破 2 兆元 業界第一　3 奈米量產、擴產（2022.12.29） 具備和 5 奈米製程等同良率	2.26 兆元
	2 奈米	計畫：2 奈米風險生產（2024 年） 計劃：2 奈米量產（2025 年）於竹科、中科	
	4 奈米 3 奈米	2022 年 12 月宣布：美國亞利桑那州第一座晶圓廠，計劃 4 奈米投產（2024 年） 第二座工廠，將導入 3 奈米製程	
	3D IC 先進封裝	日本茨城縣筑波市「台積電日本 3D IC 研究開發中心」開幕（2022.06.24）	
2023	2 奈米以下	「全球研發中心」啟用（2023.07.28）	1.167 兆元 （1-7 月）
	16／12 奈米 28／22 奈米	宣布：在德國德勒斯登，設立「歐洲半導體製造公司」（ESMC），與 Bosch、Infineon、NXP 合資（2023.08） 建廠（2024 年下半年開始） 投產（2027 年底）	
	2 奈米	高雄楠梓廠，原定 7／28 奈米，改成導入最先進 2 奈米製程 計畫量產（2025 年）	

資料來源：台積公司 TSMC
整理製表：產業人物 Wa-People

營收單位：新台幣

重，這個數字用了二十幾年了，沒有改過。」張忠謀說，台積電如今研發預算達五十五億美元（5.5 Billion），比美國麻省理工學院（MIT）全年預算二十億美元（2 Billion）還要多。

對於任何企業而言，研發與製造部門能夠攜手合作，是很不容易的美事。張忠謀說，他覺得很高興的是，「每次王英郎來看我，張宗生總是跟他一起來，兩個人現在還坐在一起，雙胞胎一樣，一個是研發，一個是營運製造，這兩個緊密的合作，是台積電的致勝關鍵。」

王英郎是台積電晶圓廠營運副總經理，加入公司超過三十年，可說是台積電的量產及良率管理達人。2015 年 10 月他被任命為技術發展副總經理，投入研發 10 奈米、7 奈米和 5 奈米製程技術，並成功將這些技術導入生產。

張宗生是台積電先進技術暨光罩工程副總經理，加入公司快三十年，參與一廠、四廠、八廠、十二廠以及十四廠的技術開發與製造，是成功帶領台積電先進技術落地量產的關鍵人物，並於 2013 年獲選為台積科技院士。

南科 3 奈米、竹科中科 2 奈米

2022 年 12 月 29 日，台積電董事長劉德音主持在南科基地盛大舉行的「3 奈米量產暨擴廠典禮」。這一天，台積電邀請的貴賓有行政院副院長沈榮津、經濟部長王美花、國科會主委吳政忠、國立成功大學校長蘇慧貞、台南市長黃偉哲，還有幾十年來一起成長的供應商和協力夥伴，包括應用材料集團副總裁余定陸、互助營造董事長林志聖、漢唐集成董事長李惠文、長春石化總經理蔡智全，及廣明實業副董事長林宏信，皆獲邀共同見證台積電在半導體先進製程締造的重要里程碑。

劉德音指出，台積電領先全球量產的 3 奈米製程，良率表現相當優異，已經和 5 奈米量

台積電董事長劉德音

產同期的良率相當。台積電 3 奈米製程帶給客戶的最大好處在於「更小巧、更省電」，邏輯密度增加約 60%，相同速度下省電 30-35%，是世界上最先進的技術。

「在 5G 及高效能運算相關應用的驅動下，客戶對 3 奈米製程的需求非常強勁，」劉德音表示，台積電 3 奈米技術被大量應用在頂尖科技產品中，包括超級電腦、雲端資料中心、高速網際網路、行動裝置，以及未來的 AR ／VR。

台積電投資南科超過新台幣 1 兆 8,600 億元。劉德音語帶感性表示，台積電南科廠區的環境相當優美，希望大家都有機會來走走。十八廠大廳外的「台積嘉明湖」景觀，風和日麗時可以倒映出公司建築，戶外還有雕石打造的「台積大阪城」庭園步道；十四廠的外觀更彷彿像座大森林，有螢火蟲復育的基地，春夏交際時，可見到上千隻螢火蟲飛舞。

劉德音感謝過去幾年成就晶圓十八廠的工作夥伴，包括建廠的工程團隊，以及設備和材

十八廠，雕石打造「台積大阪城」庭園步道

十四廠，有螢火蟲的復育基地

十八廠大廳外，「台積嘉明湖」景觀

料供應商。在南科建廠告一段落後，希望經驗豐富的團隊能和台積電前往高雄及新竹的新廠，共同為發展臺灣半導體產業繼續努力。他並預告 2 奈米晶圓廠會落腳在竹科與中科， 共計有六期的工程。

「未來十年，將是半導體產業在整個電子產業價值鏈中快速成長的時代， 臺灣也必定在世界經濟發展中，扮演更加關鍵的角色。」劉

德音表示，台積電將不斷強化客戶服務、並加速投資研發。希望與供應鏈上下游一同成長，從設計到製造、封裝測試、從設備、到材料，一起為世界釋放出最具競爭力的先進製程技術，以及可靠的產能，一起驅動未來科技的創新。

根留臺灣！ 堅守核心價值

台積電總裁魏哲家，在全球研發中心啟用典禮上致詞時強調，台積電根留臺灣！他表示，「全球研發中心的啟用，就是向臺灣的人民說，我們根留臺灣！」

台積電應客戶要求，在世界各地增建了很多生產線，引來一些關切的聲音，紛紛詢問說「台積電是不是已經把重心往外移？是不是把所有在臺灣的發展都停頓了？」魏哲家說，「我們的回答是：沒有！」

台積電堅守三大核心價值，魏哲家表示，「第一，技術領先 Technology Leadership；第二，卓越製造 Manufacturing Excellence；第三，客戶信賴 Customer Trust，是台積電一直引以為傲的地方。全球研發中心的啟用，正是台積電技術領先的一個里程碑，希望我們不會辜負張創辦人對我們的期待。」

魏哲家感謝政府對台積電的支持，他並宣布，台積電對綠能發電、節約用水、環保的要求，一定全力以赴，「這是台積電對社會，對國家，乃至於對全世界的一個責任和義務。」

台積電是全球第一家參加全球再生能源倡議組織（RE100）的半導體公司，2020 年 7 月加入 RE100 後，承諾未來要使用百分之百的綠電，全球營運將於 2050 年前 100% 使用再生能源，以實際行動降低環境衝擊。

2023 年 1 月，台積電首次推出碳盤查工作坊，精進供應商綠色永續力，以「溫室氣體盤查」、「產品碳足跡盤查」為主題，引導供應

台積電總裁魏哲家

商了解廠房及產品的碳排放來源、學習如何計算，進而規畫改善減碳目標。

先進製程　佔營收過半

回顧台積電 7 奈米技術於 2018 年 4 月量產，締造世界第一紀錄。2019 年，7 奈米進階版採用極紫外光 EUV 製程量產，成功進軍汽車領域。2020 年 7 月，7 奈米出貨裸晶片突破 10 億顆，獲全球數十家公司、一百多種晶片採用，寫下客戶快速接受新製程的紀錄。

台積電 5 奈米技術於 2020 年上半年量產，再度領先業界，這是基於台積電率先於 2019 年推出設計生態系統及試產，所推動的成績。2021 年，台積電 5 奈米成為業界最具競爭力的尖端技術，智慧手機和高效能運算（HPC）需求持續強勁，從 5 奈米製程帶進的營收，已佔總營收 19%。

2023 年第二季，兩大先進製程 7 奈米及 5 奈米分別佔營收 23% 及 30%，總計已佔總營收 53%。以產品應用別來看，最大宗的 HPC 佔 44%、智慧型手機佔 33%、而汽車應用成長很快，營收比重已達 8%。

劉德音在台積電南科 3 奈米量產暨擴廠典禮上表示，「3 奈米製程量產第一年開始，每年帶來的收入就大於 5 奈米。」未來 3 奈米製程挹注台積電營收及獲利的表現，受到高度關注。

政府要當護國神山的靠山

行政院長陳建仁受邀出席台積電全球研發中心啟用典禮。他表示，「政府要持續當護國神山的靠山」，「除了跨部會的行政項目外，還要透過制度獎勵研發投資，並且在人才、水、電，以及擴大供應鏈的生態系完整度上，提供最大的支持。」

在各國相繼對半導體產業祭出補貼政策之際，為維持臺灣的產業競爭力，經濟部增訂「產業創新條例」十條之二，針對位居國際供應鏈關鍵地位的公司，提供研發及設備投資抵減，為期七年。陳建仁說，這項條文已經審議通過，八月就會推出。

新竹縣長楊文科表示，台積電不僅為科技產業發展創造新紀元，對地方發展也具關鍵性影響。新竹寶山一期、二期的開發，僅八個月就完成，創造了國內最快的速度，是中央跟地方政府合作的最佳典範。

專利逾 5.7 萬件　全美第二大

2023 年 3 月，台積電再度蟬聯「全球百大創新機構獎」，台積電副法務長陳碧莉出席頒獎典禮並表示，台積電根據研發藍圖，超前部署專利，已累積建構半導體領域最龐大的專利版圖之一。

在專利總數排名方面，2022 年全球專利總數超過 5 萬 7 千件，已躍居全美第二大專利申

請人，並在臺灣連續多年蟬聯第一；在專利品質方面，台積電在美國及臺灣的專利獲准率，2022 年高達 100%，亦即百發百中。

回顧台積電專利版圖建構的三個階段，分別是「有飛利浦大傘保護、專利逐步萌芽的奠基期，接著是穩定成長期，再到專利倍增期。」如今，台積電的專利地位，已與當年不可同日而語。20 年前，台積電與 IBM 談判時，專利實力還相當懸殊，但 20 年後的今天，台積電的專利數已經超越 IBM，以及當年來找台積電專利談判的一些美、日的國際大廠。

開放創新平台　不斷推升創新

2022 年 10 月 27 日，台積電宣布成立開放創新平台（OIP）的第六個聯盟，3DFabric 聯盟。這是半導體產業中，第一個與合作夥伴攜手打造 3D IC 生態系統的聯盟，目標是支援半導體設計、記憶體模組、基板技術、測試、製造及封裝技術，提供全方位的解決方案。

回顧 2008 年，台積電為了協助客戶克服日益複雜的半導體設計挑戰，建立新的合作模式，成立了開放創新平台（OIP）。在協助客戶加速實現創新的思維下，多年來，OIP 已成立了六個聯盟，包括電子設計自動化（EDA）聯盟、矽智財（IP）聯盟、設計中心聯盟（DCA）、價值鏈聯盟（VCA）、雲端聯盟，以及最新成立的 3DFabric 聯盟。

台積電大力投資研發，電晶體的新結構，已從平面變成立體的鰭式場效電晶體（FinFET）。台積電的技術藍圖指出，未來生產 2 奈米時，將會轉向奈米片 （Nanosheet） 晶體管技術。

2023 年 2 月 3 日，台積電宣布推出「大學 FinFET 專案」，開放大學院校師生與學術研究人員使用 FinFET 技術之製程設計套件（PDK），

台積電 2022 年優良供應商卓越表現獎

公司	獲獎原因
應用材料	卓越技術合作
台灣先藝科技	卓越量產支援
艾司摩爾	傑出技術發展合作
達欣工程	卓越廠務設施建設
新應材	卓越黃光材料開發合作與量產支援
喬治費歇爾	卓越廠務設施建設
日商捷時雅	卓越黃光材料開發合作與量產支援
美商科磊	卓越製程控制合作
Kokusai Electric	卓越量產支援
科林研發	卓越技術合作
帆宣系統科技	卓越廠務設施建設
諾威量測設備	卓越量產支援
美商昂圖科技	新進技術合作
信越半導體	卓越晶圓原物料開發合作與量產支援
勝高科技	卓越晶圓原物料技術合作與量產支援
住友重工離子技術	卓越量產支援
日商德亞瑪	卓越化學材料
東京威力科創	卓越技術合作

（按英文名稱字母排序）

資料來源：台積公司 TSMC
整理製表：產業人物 Wa-People

提升晶片設計經驗至先進的 16 奈米 FinFET 技術。此外，也提供 16 奈米及 7 奈米製程的多專案晶圓（MPW）服務。只要大學研究團隊完成設計後，就可以透過 MPW 服務，實際在台積電的產線上，將晶圓製造出來，加速導入實際應用。台積電這項「大學 FinFET 專案」，也是透過與開放創新平台的設計生態系統服務夥伴共同合作，所提出的人才培育方案。

劉德音說，「全球研發中心的啟用，代表台積公司研發創新的傳統和決心。」未來台積電將持續攜手開放創新平台的合作夥伴們、客戶們、供應商們，以及全球學術界的研究團隊們，一起開發出更先進，和更有競爭力的半導體技術，一起釋放創新的動能，為世界創造出更美好的未來。

Wa-People

秉持初衷、三大願景
支持高科技產業永續發展

文：王麗娟　　圖：古榮豐、劉國泰

登世界之巔開闊眼界，回家鄉故土奉獻產業！國立臺灣大學土木工程學系名譽教授暨「台灣高科技廠房設施協會（HTFA）」秘書長張陸滿在積體電路發展計畫總主持人胡定華率領下，建造臺灣首座 IC 示範工廠；在赴美深造任教多年後，回國培育人才、推動成立協會，並以三大願景，推動高科技廠房設施技術升級與永續發展。

　　國立臺灣大學名譽教授暨工學院高科技廠房工程講座教授張陸滿，2022 年 11 月 11 日獲母校國立成功大學頒發校友傑出成就獎，表彰他開創高科技廠房工程的新領域，多年來培育無數高科技廠房設施工程與廠務人才、持續提升先進廠房技術，並協助成立台灣高科技廠房設施協會，促進產業交流與永續發展。

1976 年 2 月　燃起雄心之旅

　　1974 年到 1977 年間，張陸滿負責工研院位於竹東頭重埔的中興院區整地任務。並在積體電路（IC）發展計畫總主持人胡定華（1943～2019）帶領下，建造了臺灣第一座積體電路示範工廠（IC Demonstration Plant）。

　　1976 年 2 月，胡定華為了瞭解 RCA 在廠房規劃、設計、興建、運轉、保養、維修等技術，率領張陸滿，以及中興工程無塵室的空調設計師吳明毅，前往位於美國賓州費城的 RCA 總部及工廠，並南下佛羅里達州，到位於邁阿密北邊棕櫚市的工廠去參觀見習。當時 RCA 負責技術移轉的計畫主持人 Mr. Bob Donnelley，和建廠顧問工程師 Mr. Paul Wathen，也隨行陪伴參訪。

　　在胡定華結束美國 RCA 的訪問行程後，工研院即於 3 月 5 日與美國 RCA 簽訂「積體電路技術移轉授權合約」。

　　回顧張陸滿赴美見習後，隨即要在短短的時間內，將示範工廠建造完成，讓赴美學習 IC

國立臺灣大學土木工程學系名譽教授暨「台灣高科技廠房設施協會」秘書長張陸滿

技術的團隊回國後，就可以很快啟動 IC 的生產製造，胡定華在回憶錄中特別肯定張陸滿「很優秀，渾身是勁，做事相當認真」，稱讚他年紀輕輕就能夠扛起重任、不怕吃苦、使命必達。

關鍵人物：
開創高科技廠房工程新領域

「高科技廠房設施工程」如今成為年輕人學習的新領域，張陸滿正是為臺灣開創這個新領域的關鍵人物。

張陸滿至今難忘，「1976 年 2 月去美國的經驗，看到我們和美國的差距，對我而言，文化衝擊很大。」並從此在心中燃起要為此新領域做出貢獻的雄心壯志。

「回顧 1976~1977 年工研院建廠期間，我是土木工程師，根本不懂半導體，臺灣第一座積體電路示範工廠的點點滴滴，其實都是胡定華先生，親自策劃指導的，我只是他的代工而已。」

張陸滿在美國看到一流的高科技廠房設施，深刻體認生產環境必須被嚴格要求，必須整合建築、土木、機械、化工、電機，更涉及化學、物理、生物等等跨領域的專業，才能控制汙染並提供潔淨室製造環境、有效防制微振動干擾、消除電磁干擾、以及綠色廠房等嚴苛又高精度的要求等。於是 1977 年，完成工研院的積體電路示範工廠之建造，開始安裝機台前，張陸滿毅然決定赴美深造，到美國德州大學學習營建工程管理，取得博士學位後，先後到佛羅里達

大學和普渡大學任教 26 年。

「高科技廠房,強調抗震、防污、節能、智慧化,是高科技製造不可或缺的環節。」高科技廠房設施包括:建築、結構、水電空調、儀表控制、管線設備、廢水廢氣廢液處理、環境生態保護等等設施,對於高科技產業所需的製造環境與條件,肩負著精準到位的使命。張陸滿強調,「高科技要做技術研發,高科技廠房設施的技術,關乎製造的品質與良率,當然也要做研發!」

台灣高科技廠房設施協會

在美國 30 年回國後,張陸滿為臺灣帶回的新觀念及願景,開創了高科技廠房工程的新領域。回到故鄉的張陸滿,已為臺灣培育出許多高科技廠房設施的工程技術和管理的人才。

2013 年 10 月,在漢民科技副董事長許金榮(時任漢微科董事長)、台積電副總經理莊子壽(時任處長)及張陸滿的推動,以及當時之台積電副董事長曾繁城、旺宏電子董事長吳敏求、建邦創投董事長胡定華、漢民科技董事長黃民奇、清華大學科管院教授史欽泰、工研院院長徐爵民、工研院協理蔡新源、采鈺科技執行長林俊吉、聯電榮譽董事長曹興誠和資深處長高慶揚,以及 SEMI Taiwan 總裁曹世綸等等有心人士之支持下,在 SEMI Taiwan 成立「高科技廠房設施委員會」。

2021 年 12 月 17 日,為了未來更多元的發展,在 SEMI Taiwan 的祝福下,由原先委員會的核心會員,向內政部申請成立「台灣高科技廠房設施協會」,會員仍以高科技廠房業主為

1976 年 2 月,工研院技術移轉計劃主持人胡定華(左一)帶著工研院建廠工程師張陸滿(左二)、中興工程空調工程師吳明毅(右一)參觀 RCA 位於佛羅里達州 Palm Beach 的積體電路工廠後,與 RCA 建廠工程顧問 Paul Wathen(中)及技術移轉計畫主持人 Bob Donnelley(右二)合影(提供:張陸滿教授)

主導,並包括半導體設備材料供應商、學研單位,以及廠房設計營造業者等,截至 2023 年 7 月底止,協會共有 120 家團體會員。

走向國際舞台

台灣高科技廠房設施協會每年盛大舉辦的國際論壇,論壇主題演講著重產業科技之未來趨勢,譬如今年為「運用 AI 提升高科技廠房設施的 ESG 成效」,專家演講則分享成熟實務之廠務技術,而「業主或廠家需求座談會」更提供廠房業主、供應廠商及研發單位面對面直接交流的機會,論壇緊扣產業前瞻科技之需求,歷年來已獲得很好的成效。

展望協會未來發展,張陸滿分享心中三大願景。願景一,他強調,雖半導體係現代科技演進之基本糧草,但高科技產業不僅涵蓋半導體晶圓製造產業,而且包括微電子、光電、精

台灣高科技廠房設施協會 2022 年 9 月高科技廠房設施國際論壇暨貴賓晚宴

張陸滿簡歷

學歷：
國立成功大學土木系（1971）
美國德州大學土木系營建工程與計劃管理碩士、博士（1983）

現任：
國立臺灣大學工學院高科技廠房工程講座教授
國立臺灣大學「高科技廠房設施研究中心」負責人
台灣高科技廠房設施協會秘書長

經歷：
工研院副工程師（ITRI）（1974~1977）
美國德州大學土木系助教（1979-1983）
美國佛羅里達大學建築學院 建築營建系助理教授（1983-1985）
美國普渡大學土木工程暨營建工程管理副教授（1986-2009）

榮譽：
國立成功大學校友傑出成就獎（2022）
美國普渡大學土木工程暨營建工程管理名譽教授（2009-今）

整理製表：產業人物 Wa-People

密儀器、電子通訊、奈米科技、藥品配製、微生物研究、醫療設備、動物實驗、航太科技等等產業，每一個高科技產業，其核心產品都使用著各種半導體硬體元件，並將細緻複雜的軟體程式連結，啟動了各種高科技終端產品和服務的應用。

願景二是協會的國際化。台灣高科技廠房設施協會全方位匯集了高科技廠房業主、學術機構、研發單位、建築師、工程顧問公司、營造廠，以及設備材料供應商，全力支持臺灣半導體產業在量產時程的縮短與良率之提高，並促使其在國際競爭下，繼續領先。而今，在世界各國大力投資在地生產的趨勢下，未來協會也將隨著業主廠家因應世界各國設廠的需求，跟著設立分會。台灣高科技廠房設施協會其核心的譯名為 High-Tech Facility Association. HTFA，也是協會的標識（logo），若日本分會成立就稱為 HTFA Japan，德國分會則叫 HTFA Germany，美國西部成立分會的雅號為 HTFA West，同樣的，Taiwan High-Tech Facility Association 就是 HTFA Taiwan.

願景三是跨國人才的延攬與培訓。張陸滿表示，台灣高科技競爭優勢之守護，最後取決於人才之培育，綜觀未來 10 年，台灣半導體產業人才嚴重短缺，缺口亦不斷擴大，為了持續推進提升台灣高科技半導體製程技術，要製造必先有廠房設施，廠房設施是其中一個不可或缺的先決條件，因應此對半導體產業的重要性與人才長期需求，希望協會能聯合學術教育界，不但要加速培養國內廠房設施專業人員，更應仿效歐美先進國家，到世界各地延攬與培訓具有潛力的人才，促使台灣高科技廠房設施產業更具國際競爭力，及其永續發展。

Wa-People

善用協會平台
創新、效率
力挺護國群山

文：王麗娟　圖：古榮豐

從台積一廠、二廠，到發起成立台灣高科技廠房設施協會（HTFA），他全程參與台灣半導體產業從萌芽到舉世矚目！

VLSI Lab：台積一廠

臺灣政府在 1976 年，自工研院送出一批優秀、懷抱使命感的年輕人，到美國 RCA 學習半導體技術。這批年輕人在學習歸國後，隨即要把所學努力實踐出來，更可貴的是，他們面對問題與挑戰時，勇於追求創新！

漢民科技副董事長許金榮，就是當年工研院 RCA 專案前往美國學習的年輕人之一。他在佛羅里達州學習微影製程（Photolithography）技術，回來先在工研院電子所的「示範工廠」裡負責微影設備；隨著示範工廠的晶圓尺寸由 3 吋改成 4 吋，全程投入台灣發展半導體積體電路產業的第一期計畫。

緊接著，政府推動發展積體電路產業的第二期計畫，挑戰技術升級做超大型積體電路（VLSI），並在工研院蓋一座新廠房 VLSI Lab，由許金榮負責蓋廠專案，並購置機器設備，後來隨著台積電（TSMC）衍生成立，成了台積一廠（Fab 1）。

1988 年，台積晶圓二廠動土，總經理魏謀（左二）與許金榮（左一）的珍貴合影（提供：薛榮生）

台積開始自建廠房　就很創新

許金榮拿出兩張台積電當年動土興建晶圓廠的珍貴照片。這是 1988 年，台積電成立的隔年，在竹科動土興建晶圓廠。這座廠被稱為台積電「晶圓二廠」（Fab 2），是台積電自己興建的第一座廠房。

身為 SEMI 台灣高科技廠房設施委員會創會理事長，以及「台灣高科技廠房設施協會（HTFA）」榮譽理事長，許金榮談到高科技廠房，他說，「台積電是龍頭，1988 年，台積電開始自己興建第一座晶圓廠，當時就引進很多

漢民科技副董事長暨「台灣高科技廠房設施協會（HTFA）」榮譽理事長許金榮

創新的概念。」

為了提高量產效率，台積電率先採用了美國推出的 SMIF 機器手臂（SMIF Arm）、德國 M&W 開發的潔淨室、以及荷蘭 ASML 的微影設備等。ASML 當時規模還很小，M&W 則是第一次從德國跨出海外。

SMIF Arm 有一個標準的晶片承載盒，這個承載盒是密閉的，保持高潔淨度。許金榮說，「SMIF Arm 的好處是提供了一個迷你環境，概念就是把潔淨室（Cleanroom）設在機台裡面，所以晶片在機台裡就能處於高潔淨度的環境。」SMIF Arm 本來僅用於實驗室，台積電採用後，才首次進入晶圓廠量產線的應用。

為了做到標準化，台積電要求設備商，必須配合 SMIF Arm 做出修改。「標準化以後，才能讓每部機台逐一連線連到中央電腦，才能夠真正做到電腦整合製造（Computer Integrated Manufacturing，簡稱 CIM）。」

許金榮說，開發 SMIF Arm 的這家美國公司，也在標準化後，開始商品化。「後來大家在談工業 2.0、工業 3.0，其實台積電老早就做了。」

創新廠房設計，單層變雙層

台積一廠與台積二廠，「最大的差別在於廠房設計，」許金榮說，一廠是國家實驗室的設計，而台積二廠的規模更大，為了商業運轉，特別引進一些當時相當先進、新創的概念。

建築主體由單層，擴為上下雙層，所有生產的機器設備都安置在樓上，一樓則留給水、電、氣等廠務設施使用。如此一來，製程中的

1988 年，台積晶圓二廠動土，許金榮（右三）、曾繁城（右五）、陳碧灣（右六）、高啟全（右七）、陳健邦（左後二）（提供：薛榮生）

台積電蓋第一座廠，就很創新！

名稱	廠房	負責
政府發展半導體產業 第一期： 赴美 RCA 學習	示範工廠	張陸滿： 負責整地、蓋廠
第二期： VLSI 計畫	VLSI Lab 衍生：台積一廠	許金榮： 負責建廠、引進設備 6 吋晶圓、1-2 微米
台積電成立（1987）	興建：台積二廠 （1988）	總經理：魏謀 廠長：許金榮
	創新：雙層廠房、引進 SMIF Arm、實現 CIM 引進設備 ASML 等	

整理製表：產業人物 Wa-People

有機溶劑或廢氣，「比較不會污染製程，產線也比較容易配置。」

許金榮認為，台積電能夠一開始建廠，就如此大膽推動創新，跟當時的總經理魏謀有很大的關係。魏謀是美國人，曾任職德州儀器（TI），經常接觸到許多新開發的技術。在魏謀之前，台積電的總經理是 Jim Dyke，魏謀離開

後，職位由 Donald Brooks 接任。

台積電投入專業的 IC 製造，接觸到很多歐美客戶，特別是美國客戶對技術的需求，許金榮說，「台積電針對客戶的需求一直努力開發，所以才變得多才多藝。」

高科技廠房設施協會

SEMI 台灣高科技廠房設施委員會成立於 2013 年，由許金榮擔任第一、二屆理事長。接著，台積電副總經理莊子壽擔任第三、四屆理事長。2021 年 12 月，「台灣高科技廠房設施協會」（Taiwan High-Tech Facility Association；HTFA）成立，許金榮與莊子壽被推選為榮譽理事長，帆宣系統科技總經理林育業接棒，出任理事長。

許金榮表示，從 SEMI 台灣高科技廠房設施委員會到台灣高科技廠房設施協會，第一位發起人都是臺灣大學工學院高科技廠房工程講座教授張陸滿。

「當年，張陸滿參加工研院的 RCA 計畫，回國後就負責示範工廠的監造，」許金榮強調，張陸滿從整地開始，肩負重任，一點一滴監督打造完成示範工廠。

示範工廠完成後，張陸滿赴美國深造，研究高科技廠房的技術，並在美國任教多年。回台灣後，張陸滿教授對許金榮說，「應該為高科技廠房設施成立一個協會。」

由於高科技廠房內的設備都很昂貴，動輒以數百萬美元為單位，加上設備需要安全、安靜、潔淨的水、電、氣體供應系統，所有相關的設施或技術，台灣應該可以自己來發展並改良，透過協會成員，包括製造端（客戶）及廠

自萌芽到舉世矚目
許金榮親自參與台灣半導體產業發展

時間	職位	工作重點
1976-1987	工研院電子所 專案經理	RCA 專案、 示範工廠微影設備、光罩廠 VLSI Lab（台積一廠）
1987-1996	台積電 資深副總經理	台積一廠、二廠、五廠 迷你潔淨室 SMIF、ASML
1996-2000	合泰半導體 聯瑞半導體 聯華電子 總經理	晶圓廠
2001-2018 2018 至今	漢民科技總經理 漢民科技副董事長	設備代理 TEL、ASML、Ebara 等
2000-2005 2006 至今	新竹企業經理人協會 理事長 榮譽理事長	慈善、人文、公益
2015-2021 2021 至今	工研院院友會 理事長 名譽理事長	院友交流平台 支持工研院發展
2013.10.03	SEMI 台灣高科技廠房 設施委員會成立	理事長
2021.12.17 至今	台灣高科技廠房 設施協會 HTFA 成立	榮譽理事長

整理製表：產業人物 Wa-People

務供應商的交流與合作，達到節省成本、加快速度、技術自主等效益。

「隨著氣候變遷，高科技廠房要節能、綠能、減排、減廢，都需要相關的廠房設施才能做到。」許金榮強調，如今，高科技廠房追求高效能，廠房設施已不僅止土木、建築，以及水、氣、電、化，包括 5G 及 AI，也都需要導入。

護國群山支持護國神山、受國際矚目

台積電成為護國神山後，大家都想了解到底是怎麼做到的，而長期支持並伴隨台積電一起成長的供應鏈廠商，也因此受到世界矚目，他們就是護國群山。

台積電除了晶圓製造的技術與效率極高之外，「蓋廠的品質、速度、成本，也獨步全球。」許金榮指出，「供應鏈除了設備供應商，還有廠房設施供應商、材料供應商，以及上下游的夥伴，包括封裝、光罩製造、設計服務等。」他強調，營運時除了初始成本外，還有運轉成本，以及問題解決的速度也很重要。「台積電若沒有供應鏈的支持，也做不來。」

展望未來，許金榮認為，雖然面對供應鏈重組、通貨膨脹、成本上升、缺工缺人，可說是充滿挑戰的時代，但他認為半導體產業長遠來看，從消費端、工業端、AI、量子電腦、自動駕駛、電動車、2050 淨零碳排放，到 ESG 要求，各種需求仍在。未來在綠能、儲能、以及再生能源的發展，也充滿機會。

針對廠房設施供應商的全球化，許金榮認為，「只要技術領先，在服務、成本、品質方面的競爭力足夠，就有可能外銷輸出。」

他同時呼籲大家善用協會的平台，以節能減碳為例，許多公司各有作為，他強調，透過互相交流，不但可以避免重複別人犯過的錯誤，更可以吸收共享資訊，加快進步與發展。

Wa-People

帆宣系統科技總經理暨「台灣高科技廠房設施協會（HTFA）」理事長林育業

台積電優良供應商

2023 年初，台積電頒發 2022 年優良供應商卓越表現獎，感謝並表彰 18 家優良設備、廠務、原物料供應商傑出的貢獻與支持。其中，帆宣系統科技以「卓越廠務設施建設」，也在表揚之列。

帆宣系統科技總經理暨台灣高科技廠房設施協會理事長林育業表示，「最重要的是團隊」，這是靠著大家持續努力、累積了 35 年，終於獲得肯定的里程碑。

1988 年，任職於工研院電子所的高新明與林育業，共同創辦了帆宣系統科技。這一年，除了台積電，還有合泰、華隆微、華邦、旺宏，也都在興建廠房。林育業指出，當年工地有兩個特徵，「一是完全由外國人主導，本地人只

能當助手；二是很多人都沒有戴安全帽，也沒有人在穿制服。」

「當年半導體是新興產業，所以很多廠務設施的技術都跟外國學習。像我們的氣體供應系統，當初就是跟日本合作，」林育業表示，隨著原廠的商業模式改變，帆宣的團隊也累積起自己的技術，並成為台灣第一家能夠在潔淨室內組裝氣體模組的公司。如今帆宣在氣體供應系統、化學供應系統、監控系統，已累積許多業界實績，營收涵蓋廠務、自動化、材料代理，以及為國際大廠打造精密設備（OEM）。

林育業表示，如今台灣的高科技廠房設施供應商已經可以做得很好，並取得客戶信任，老外主導的已經很少，期間的轉變，剛好帆宣也參與其中。

高科技廠房設施協會
攜手共榮
保持全球競爭力

文：王麗娟　　圖：古榮豐、劉國泰

在 40 位發起人、72 家企業與單位共同發起下，台灣高科技廠房設施協會（HTFA）於 2021 年底成立，希望提升台灣高科技廠房設施之關鍵技術，並保持全球競爭力。

感謝恩師與貴人

林育業 1955 年出生於台南，東海大學工業工程系畢業後，考上政治大學企研所。身為工學院的學生，卻能在會計科目考出高分，成為當年東海大學唯一考取政大企研所的學生，林育業說，「林昇平教授非常熱心，特別為我們幾個跑到會計系修課的學生，另外開課加強，是我的貴人。」

進入政大企研所後，林育業發現同學們來自各大名校，臥虎藏龍。其中，來自交大電子系的巫木誠，後來曾任交大工業工程研究所所長，也成為他的貴人。

踏出校門後，林育業短暫經歷第一份工作後，接著加入當年很大的東帝士擔任特助，「一個人管兩三個工廠，每周一早上搭火車，從台北到台南看工廠，然後寫報告交給老闆。」這份高薪的工作並未點燃林育業的熱情，反而對前途有點徬徨。有一天，他來找同學巫木誠聊天，沒想到，真的聊出一片未來。

當時工研院電子所正在積極延攬人才，主管周吉人、羅達賢希望同是交大校友的巫木誠，也能加入工研院。只是恰巧巫木誠當時考上公費留學，正準備前往美國普渡大學攻讀博士，於是，透過巫木誠的引薦，林育業於 1982 年加入工研院，1985 年被派往美國，擔任美西辦事處主任。

「帆宣系統科技董事長高新明，也是我的貴人。」1988 年，林育業和同為電子所的同事高新明一起創業，成立了帆宣系統科技。林育業說自己是公務人員家庭長大，要不是有高新明，根本不會想要創業。

台灣高科技廠房設施協會（HTFA）2022年9月高科技論壇暨交流晚宴，左起秘書長暨國立臺灣大學高科技廠房設施研究中心主任張陸滿教授、常務理事暨聯電處長許書章、榮譽理事長暨漢民科技副董事長許金榮、常務理事暨台灣美光處長蕭淑云、理事長暨帆宣系統科技總經理林育業、榮譽理事長暨台積電副總經理莊子壽、常務理事暨創控科技董事長王禮鵬、常務理事暨台積電副處長洪永迪

台灣高科技廠房設施協會 HTFA

成立：2021年12月17日

願景：提升台灣高科技廠房設施之關鍵技術及產業實力

宗旨：
成為持續提升台灣高科技廠房設施
關鍵技術之全球性卓越協會。

發起人／發起單位：
40位發起人，72家企業與單位，包括高科技廠房業主、學術機構、研發單位、建築師、工程顧問公司、營造廠、設備材料供應商

目標任務：
1、整合台灣國內、外高科技的相關資源
2、厚植台灣高科技產業之競爭力
3、透過相互合作提升廠房設施關鍵技術
4、增益廠房設施標準之擬定

整理製表：產業人物 Wa-People

當年在工研院電子所任職時，林育業曾負責為 VLSI Lab（後來的台積一廠）採購部分設備。有一套日本系統，在敲定付款條件時，還好林育業依照各主管的指示、確實要求對方，換算成美元計價，以 1 美元兌 310 日圓簽約，沒想到，短短兩個星期後，日圓竟大幅升值到 1 美元兌 220 日圓。

當時正值美國困擾於巨額貿易赤字，因此 1985 年美國、日本、英國、法國及德國等 5 國簽署「廣場協議」（Plaza Accord），聯合干預外匯，從而導致日圓大幅升值。亦即買設備時如果以日圓計價，就會在短短期間大幅變貴！

林育業迄今記憶猶新，曾繁城知道匯率大變動的消息後，特別從樓上衝到樓下來敲門，問林育業說，「你買那個系統，是敲定什麼幣別買的？」

台灣廠商大爆發

「一個國家的品質觀念很重要！」林育業強調，他表示，廠務、製程設備的客戶如今已經肯定台灣的品質，會以規格來做選擇，並不會專寵外國品牌。「最近五、六年，整個台灣廠商的爆發力，都呈現出來了。」

林育業說，「國家的形象，是長期累積的。」幾十年來，台灣在電腦、半導體、腳踏車等產業表現很好，台積電、捷安特都拿下全世界第一，這樣的形象會讓別人對台灣的品質產生信心度。

林育業簡歷

學歷：

東海大學工工系 （1977）

國立政治大學企管研究所 碩士 （1979）

經歷：

東帝士集團專員

工研院（ITRI）（1982~1988）

－美西辦事處主任（1985~1988）

帆宣系統科技　總經理（2001 至今）

勵威電子公司　董事長（2010 至今）

亞達科技公司　董事長（2017 至今）

台灣高科技廠房設施協會理事長（2021至今）

整理製表：產業人物 Wa-People

「反觀我們對自己的信心度，也是這樣的長期累積。」林育業以帆宣與國際大廠在精密設備的合作為例，在長期追求技術卓越的同時，員工也對自己累積起信心。

帆宣成立以來，歷經多次產業循環的洗禮與粹煉，林育業身為帆宣共同創辦人及總經理，努力規劃並推動公司重要業務的策略及方向，特別是在推升帆宣於精密設備的製造技術能力上，已獲得應用材料（Applied Materials）、艾司摩爾（ASML）及布魯克斯自動化（Brooks Automation）等國際大廠認可，業務持續成長。2021 年更獲得應用材料公司及艾司摩爾頒發優良供應商的肯定。

全球競爭力

對於漢民科技副董事長許金榮、台積電副總經理莊子壽，以及國立臺灣大學高科技廠房設施研究中心主任張陸滿教授於 2013 年於國際半導體產業協會（SEMI）推動設立「高科技廠房設施委員會」的努力，林育業覺得相當敬佩，並推崇他們「希望協助同業保持全球競爭力」的遠見。

林育業說，許金榮擔任「高科技廠房設施委員會」理事長四年後，接著由莊子壽接任。他們無私地設立並推動組織運作，「初期還不是協會，都是他們自掏腰包來支持。」

2021 年底，「台灣高科技廠房設施協會（Taiwan High-Tech Facility Association）」由 40 位發起人，和來自高科技廠房業主、學術機構、研發單位、建築師、工程顧問公司、營造廠、設備材料供應商等 72 家企業發起，經內政部核准正式成立，於 2021 年 12 月 17 日在國立臺灣大學竹北分部碧禎館舉辦成立大會，推選林育業擔任理事長，許金榮與莊子壽擔任榮譽理事長。

林育業說，他很感謝張陸滿教授從 2013 年底以來，一直擔任這個非營利組織的秘書長，每年與時俱進，擘劃四場研討會及高科技論壇，主題涵蓋 AI 人工智慧到節能減碳，同時促進會員交流合作，並長期培育產業人才。林育業更尊崇張陸滿是「協會的靈魂人物。」

台灣高科技廠房設施協會的會員，涵蓋高科技廠房業主、半導體供應商、學術研究單位，以及廠房設計建造業。截至 2023 年 5 月，會員家數已超過 120 家。

林育業感謝長期參與、贊助協會各項活動的會員廠商與主講人。他說，「套句我們一位常務理事講的，他覺得參加協會蠻愉快的，」大家都無私的去貢獻，把平台變成一個很好的交流與溝通平台。

「尤其有些供應廠商同業，雖然規模不大，但有特殊的技術，就可以透過協會平台，讓溝通的管道比較順暢。」林育業強調，協會的宗旨，就是要提升整個行業的能力，歡迎大家善用協會平台、多多合作，共同促進產業進步。

Wa-People

掌握核心思想
關心小事
立志影響大環境

文：王麗娟、鄭仔君　　圖：劉國泰

JJP 潘冀聯合建築師設計之台積電多座晶圓廠，屢獲內政部頒發「優良綠建築獎」及「優良智慧建築獎」。JJP 的智庫 JJP LAB 為實踐創新而生，持續對淨零建築、再生能源等議題進行研究。

台積電 15 廠領先綠化

秉持「志於道，據於德，依於仁，游於藝」的執業準則，JJP 潘冀聯合建築師（ JJP architects & planners）創立於 1981 年，作品種類繁多，包括高科技廠房、辦公大樓、企業總部、醫養、學校、圖書館，及文化類建築，國內外獲獎百餘件，擁有許多優秀建築師，規模超過 250 人。

「我們與台積電的合作，從三廠開始，」「從台積電南科六廠起，加入一個紅色、垂直的元素，代表 Number One 的形象。」鄭榮裕建築師是 JJP 協同主持人，任職 JJP 超過四十年，他在學時期加入 JJP 實習，就已開始參與竹科的建設。

JJP 設計的台積電晶圓廠辦公棟，屢獲內政

部頒發「優良綠建築獎」及「優良智慧建築獎」。鄭榮裕説，「科技廠房是製造的載體，一個廠的人數多達數千人，除了工作，也需要好的活動與休憩環境，所以在必要的功能性、結構性外，我們重視的還是人。」

曾彥智是 JJP 設計執行副總監，加入事務所約 15 年。他表示，JJP 創辦人潘冀建築師一直督促大家，謹記事務所的核心理念。為了讓團隊內化，曾彥智特別將核心理念簡化成一個「適」字，表達環境的適應、形式的適當、空間的適宜、執行的適切。在此核心理念下，「高科技廠房從外牆綠化，到週邊植栽的景觀規劃，就不再只是冰冷的方盒子建築。」

獲得台積電支持，「JJP 將位於中科的台積電 15 廠，針對晶圓廠的立面進行綠化，同時加

建築師的工作需要團隊合作，執行過程經常要克服許多挑戰

上太陽能板，成為業界首創！」鄭榮裕補充，台積電 15 廠立面綠化的面積很大，延續兩、三百公尺，成為一大面綠牆。

作為台灣第一個這麼做的高科技廠房，「台積電 15 廠的創新力跟影響力蠻大，」曾彥智說，此後台積電幾乎所有晶圓廠都要求綠化牆面；而隨後於台中后里建廠的美光（Micron），更把綠化從廠房延伸到核心的中央設施廠。

建廠速度，世界第一

「通常業主要建新廠，很可能是手上已有訂單、趕著要交貨了，非常緊急；」鄭榮裕表示，如今台灣高科技廠房建築發展出一種「快車式」（fast track）的設計，從設計到完工，趕在 18 個月內完成，相較於國外需要二倍甚至三倍時間，這個速度堪稱世界第一。

率領 JJP 約五分之一的人力，近十年負責台積電多個高科技廠房專案的嚴緯勇協理表示，「半導體專案的技術含量比較高，不僅要懂建築，同時也要跟著業主一起了解製程，包括機械、電氣和管路（MEP）對建築的需求，也要同步納入設計規劃。」

對於台灣的建築師事務所，如何做到建築物越來越大，但工期卻越來越短，嚴緯勇認為，這應該跟台灣人的民族性有關。「像我們團隊基本上就是勤懇實幹、使命必達，願意解決問題！」「我想也是因為這樣子，所以台積電等高科技產業，才可以如此蓬勃發展。」

從建築的設計規劃到監造完工，嚴緯勇率領團隊克服土地、法規、時程、安全穩定、耐震、

消防、無塵等限制與挑戰，兼顧各種系統工法的創新，「能夠在期限內將問題一一處理，讓客戶可以擁有良好的工作及生產製造環境，是我們覺得最快樂的事。」過程中「看到同事成長，也是一個成就感。」

建築師的使命感

JJP 品牌長謝偉士說，「我們做了一大堆事情都在土裡面，看不到，可是我覺得很滿足，我們解決的技術難度可能遠遠超過其他外觀花枝招展的建築物。」

「建築是文化的代表、歷史的象徵、藝術與科技的綜合產物。」曾彥智記得潘冀建築師跟大家說的，成大建築系對學生的訓示與叮嚀。他認為做建築的影響力很深遠，是一個很有使命感的工作，「可以很科技、很務實，也可以很藝術、很浪漫，是做建築有趣的地方。」

鄭榮裕分享中央大學大禮堂的故事，說明「建築師完成工作的過程，經常是非常艱辛的。」這座獨特建築體現中央大學「松」的意象，得過很多國內外大獎，也登上很多專業雜誌，但當年卻曾歷經三家營建商倒閉，工程多次停擺。鄭榮裕強調，「潘建築師說，我們一定要堅持，不能讓學校留下爛尾樓。」在 JJP 團隊的努力下，中央大學大禮堂終於在發包給第四家營造商後順利完工，前後經歷了三任校長，時間長達十一年。

創新的智庫 JJP LAB

謝偉士說，「我們一點都不擔心沒有創意或新點子，只是怎麼去跟其他人溝通，這個是

左起，JJP 嚴緯勇協理、設計執行副總監曾彥智、協同主持人鄭榮裕建築師、品牌長謝偉士

台積電 15 廠牆面綠化是業界首創（提供：JJP）

藝術。」

曾彥智形容建築師與業主之間的溝通，很多時候就像在談戀愛，對方常常不講心裡的話，所以就得去猜他們在想什麼，並想辦法努力滿足對方。

JJP 在 2019 年成立「JJP LAB」，無論是風、陽光、空間照度、空間舒適性，甚至減了多少碳、耗多少電，都可以透過 LAB 的軟體，拿出科學的量化數據，「我們會讓業主知道，我們的設計是驗證過的。」

JJP LAB 也針對 2050 年的淨零建築目標、再生能源等議題投入研究，包括運用太陽能板、熱回收等方式減少用電量，將訴求環保永續的

JJP 潘冀聯合建築師

成　　立：1981 年

創辦人：潘冀建築師

終身成就：
潘冀建築師於 1994 年獲美國建築師協會（A.I.A）頒授院士（FELLOW）榮譽；1996 年獲選為中華民國傑出建築師；2009 年獲中國一級註冊建築師之資格；2015 年獲國家文藝獎；2020 年獲華人領袖遠見高峰會終身成就獎。

共同主持：
2000 年 7 月 JJP 調整為聯合主持型態，除潘冀建築師外，加入原事務所資深建築師陳潔生、鄭榮裕共同主持；2005 年增加黃種財、蘇重威二位；2015 年增加唐正國、張曉鳴二位；2018 年再新增廖紀勳。

JJP 設計　近年獲獎：
《研華科技林口智能共創園區》獲內政部「優良智慧建築獎」2015.12
《台積電南科 14P5 辦公棟》獲內政部「優良綠建築獎」2017.12
《台積電十四廠五期辦公棟》獲內政部「優良智慧建築獎」2018.10
《台積電竹科 12P7 辦公棟》獲內政部「優良綠建築獎」2019.12
《台積電 F12 P4/6/7 辦公棟》及《台肥新竹 TFC ONE 大樓》
　獲選「109 年度第 2 屆優良智慧建築作品」2020.10
《台積電 15 廠 P5 辦公棟》及《新北市立土城醫院》
　獲內政部「優良綠建築獎」2021.12
《巨大集團全球營運總部》獲 2022 台灣建築佳作獎 2022.11
《台達美洲總部》獲 LEED Zero Energy 零耗能認證，為加州弗里蒙特市第一個、舊金山灣區第二個獲 LEED 零耗能認證的建築 2023.03

整理製表：產業人物 Wa-People

新技術應用於建築中。

2023 年 5 月，鄭榮裕出席高科技廠房淨零解決方案研討會擔任主講人，在這場由台灣高科技廠房設施協會（HTFA）主辦的研討會中，以「整合式設計的減碳 100 招」為題，分享事務所近年在高科技設施的減碳經驗，以及 JJP LAB 低碳研究的成果。

鄭榮裕表示，台灣很多建築師事務所的存續不超過三十年，「潘建築師覺得，我們事務所有這麼多優秀的人，應該好好讓它延續下去，」「所以我們現在做很多事情，都是想讓我們的新一代建築師，可以更好的、更快的成長起來。」

嚴緯勇說，「每一個案子，因為不同的地點、不同的需求及時間，我們一直都在接受挑戰。我們常在思考，如何努力跟著半導體業主的腳步持續發展，甚至超越過去的經驗。」

成為推動社會向上的力量

「我們今天已經站在這個位置，影響力可能會比別人多，如果我們不管，就有點可惜了台灣栽培我們事務所這麼多年；」謝偉士的感受是，包括台積電、美光、高通、聯發科、台達電…眾多知名業者將建築設計託付給 JJP，每家專長不同、要求不同，讓 JJP 有最多機會一直向上進步。將這些資源轉為影響力、並推動制度改善，是他們一直以來想做的事情。

「我們事務所算是在台灣同業中資源很豐富的，不管是人才，或者是來自我們的業主；」鄭榮裕表示，影響建築業、影響整個環境，是 JJP 團隊的使命，而且不只在台灣，還要讓世界看到。

曾彥智表示，「潘先生常常問我，日本有那麼多建築師從年輕的時候就在海外有好多案子，為什麼我們台灣的建築師沒有？要怎麼做？而這也是我們目前正在思考的。」因此 JJP 也積極展開海外市場布局，在東南亞也有不少建案。

目前 JJP 設有國際長，嘗試掌握國際市場趨勢脈動以及與國際客戶往來。曾彥智認為，「我們已經在台灣做出成績，有具備國際能見度的案子、把影響力擴大到國外，就是我們還在努力、也必須要努力的使命。」*Wa-People*

獲台積電頒發感謝盃

建造世界最頂尖的廠房設施

文：王麗娟、鄭伃君
圖：古榮豐

幾乎從未接受媒體專訪的漢唐集成，在 2022 年獲得多項歷史性的榮譽！為了幫助年輕人認識高科技產業，董事長李惠文給出的關鍵字是「崇本務實、使命必達」，而技術長李若瑟則給出「單純專注」。

台積電頒發漢唐集成的「Fab21 參與建廠感謝盃」

國際矚目、為國爭光

　　高科技廠房建造業界領導廠商漢唐集成（UIS）2022 年獲獎連連。先是 11 月榮獲美光（Micron）頒發「建造和設施領域傑出表現獎（Outstanding Performance in Construction & Facilities）」，在 10 家獲得美光 2022 年「最佳供應商大獎」的廠商中，漢唐集成是亞洲唯一受獎的公司，也是建造和設施領域的唯一獲獎者。漢唐集成董事長李惠文特別親赴美國舊金山代表領獎。

　　12 月，漢唐獲得美國「愛達荷州州長重要合作夥伴獎（Idaho Governor's Valued Partner Award）」；緊接著，台積電頒發漢唐「Fab21 參與建廠感謝盃（In appreciation for service in the construction of Fab 21）」，頒獎當天，美國總統 Joe Biden 親臨台積電亞利桑那州晶圓廠工程基地的移機典禮（First Tool-In），Apple 執行長 Tim Cook 及台積電創辦人張忠謀博士也親自出席，廣獲全球矚目。

　　12 月底，漢唐受邀參加台積電位於南科的 18 廠 3 奈米量產暨擴廠典禮，李惠文出席台積電 18 廠第八期晶圓廠的上樑儀式，共同見證台積電在先進製程締造的重要里程碑。漢唐創下機電廠商受邀的首例，成為「護國神山」最重視的夥伴之一。

1993、1999 兩個重要里程碑

　　1982 年創立的漢唐集成，以電腦及電信機房工程起家。在台灣半導體產業發展初期，就投入高科技廠房無塵室的設計與建造，服務內容包括空調系統、電力系統、中央監控系統等，

漢唐集成董事長李惠文（左）及技術長李若瑟

並提供工程顧問、系統整合統包、工程管理，以及二次配管路工程等服務，可說是台灣最早投入晶圓廠機電管路系統（Mechanical Electrical Plumbing，簡稱 MEP）與無塵室的設計與建造施工的公司。

漢唐集成技術長李若瑟表示，從聯電一廠、華邦一廠、旺宏一廠、力晶一廠，以及面板產業的奇美一廠、友達一廠，漢唐集成都是從第一階段就參與其中。

如今，台積電新建廠房的機電及無塵室設計及施工，交付漢唐集成負責的比重領先業界，回顧漢唐集成通過台積電考驗的經歷，李若瑟表示，有兩個重要的里程碑。

1993 年，台積電與漢唐集成簽訂新建晶圓三廠的機電系統整合合約，漢唐集成負責設計，以及機電的施工。

1999 年，漢唐集成進一步負責無塵室的設計與施工，並從此成為台積電廠房機電及無塵室的主要承包商，從設計到建造施工，配合台積電晶圓廠的投資計畫，一路從 8 吋升級到 12 吋晶圓廠。

崇本務實、使命必達的責任感

李惠文表示，「崇本務實、使命必達」是漢唐員工朗朗上口的企業文化，「有時客戶的要求實在太具挑戰性，我們也會秉持服務客戶的精神，盡力滿足他們。」

「我們的使命，就是要幫客戶建造世界最頂尖的廠房設施。」在漢唐任職超過 40 年的李若瑟充滿自信表示，「我們致力於讓每一個案子都做到圓滿成功，除了符合業主開出的規格要求、在預算與時間期限內完成，同時在品質上毫不妥協，這樣才算是真正達成任務！」

漢唐集成業務長許俊源（左二）代表領取美國「愛達荷州州長重要合作夥伴獎」

李若瑟強調，廠房建設與辦公大樓工程的最大不同在於，工廠的時間更為緊迫，很多生產機台很早就預定了裝機時間，必須在計畫期限內讓廠房的設施環境達到一定的合格程度，才能順利讓機台進廠安裝。

「如同我們創辦人，前董事長王燕群講的，漢唐是台灣的環境把我們塑造出來的。」李若瑟表示，「在台灣，我們在這方面的能力還是比別人強，因為我們累積的經驗、工程量與規模都是最大，能壓縮施工時間的可能性，也會比其他公司來得高。」「當然我們與業主都了解極限在哪裡，而我們的『極限』是國外業者做不到的。」

台灣高科技廠房的案量多，業主對施工團隊要求「既要快又要好」，每個案子都是不同的挑戰。李惠文表示，漢唐獨特之處在於「我們會不斷調整、可以堅持到底。」

李惠文表示，漢唐的團隊原本一年做兩座廠房工程，現在增加到一年四座，每個案子都必須在交期內完成，非常考驗團隊的實力。「我

們不只有很好的員工，還有很多協力廠商與供應商，長期以來培養起很好的默契，所以能在許多不可思議的期間內，共同完成任務。」

單純專注，沒手機沒車的技術長

李惠文尊稱李若瑟「李先生」，她說，李若瑟勤奮好學、每天大量閱讀、不斷讀書進修，「他單純專注，給同仁們很好的身教。」她並透露「李若瑟沒有手機、也沒有車！」

李若瑟認為，做技術工作的人，就是要單純專注才能做得好。年屆 70 的他，經常穿著牛仔褲，外表更是讓人不易猜出實際年齡。李若瑟說，「我會把每個新人都當作是會在公司留一輩子的夥伴，盡心去教他、帶他；我可以接受他們不會、做不好，只要願意認真做，把遇到的問題說出來，這樣就夠了。」

李惠文表示，「漢唐的員工不以學歷取勝，很多同仁加入公司時，可能是專科或高職畢業，但大家對公司的向心力極強，包括技術處，以

漢唐集成董事長李惠文（左）獲美光（Micron）總裁
Sanjay Mehrotra 親自頒發 2022 年度表現最優異供應
商獎「建造和設施領域傑出表現獎」

漢唐集成　獲客戶肯定

時間	獲獎
2022 11月10日	榮獲美光（Micron）2022 年度表現最優異供應商獎「建造和設施領域傑出表現獎（Outstanding Performance in Construction & Facilities）」
12月6日	榮獲愛達荷州州長重要合作夥伴獎 IDAHO GOVERNOR'S VALUED PARTNER AWARD
12月6日	榮獲台積電頒發 Fab21 參與建廠感謝盃 In appreciation for service in the construction of Fab 21
12月29日	受邀參加台積電 18 廠 3 奈米量產暨擴廠典禮，見證第八期晶圓廠上樑
2023 5月15日	半導體高科技產業第一家通過英國標準協會（BSI）認證，取得 ISO19650-2 認證

資料來源：漢唐集成
整理製表：產業人物 Wa-People

及行政、採購、管理部門，都有很多資深同仁。」
她指出，「如今不少處長級以上的工程師，都
是從基礎的技術工開始，一步一步在李先生的
帶領與指導下不斷成長，他們對待李先生，都
是如師如父。」

李若瑟說，漢唐的設計人員，有六成以
上具有 25 年以上的經驗，他說，「一件事
做 20 年其實也就變專家了，我們就是這樣
靠經驗累積出來的。」

回顧過去，李若瑟表示，「公司留住
人才的策略是對的，也是我們做得最好的
事。」他強調，漢唐保持競爭力，「人才是
我們的競爭本錢，必須要有足夠的人，而且
是好的人。」

持續創新、追求卓越

談到創新，李若瑟以人體比擬高科技
廠房，每個器官都很重要，每個系統無分大
小，都要好好運作，其中都有關鍵技術。

李若瑟肯定台灣高科技廠房設施協會
（HTFA），每年舉辦多場技術研討會，讓
漢唐和業界的供應商們，能夠知道客戶未來
準備怎麼做。李若瑟強調，「業主的方向與
目標，我們必須要去達成」，「他們的軌跡
就是我們的軌跡」。

漢唐順應數位轉型的時代來臨，積極
導入建築資訊模型（Building Information
Modeling, BIM）技術，並在重要客戶美光
的引導下，攜手將此可視化的數位科技技術
深化，依循專案管理施工階段的程序，整合
BIM 模型及管理流程，並於 2023 年 5 月成
為半導體高科技產業第一家獲得英國標準協
會（BSI）頒授證書，取得 ISO19650-2 認
證的公司。

李惠文表示，漢唐會跟隨業主的腳步
走向世界，致力為客戶「打造最頂尖的廠房設
施」，實現永續經營的目標。李若瑟則再次強
調，「產業生存環境是殘酷現實的，不做好就
會被淘汰；別想著自己有多偉大、多好，你只
能把每件事情做好。」

Wa-People

印能科技創辦人暨董事長洪誌宏

高階封裝、先進封裝：五大挑戰

　　製程解決方案提供者，創立於 2007 年的印能科技（APT），專注半導體封裝製程技術多年，近年來受到國際市場肯定，特別在先進封裝面臨技術、人才與地緣政治的多重挑戰下，更展現該公司的可貴價值。

　　回顧 16 年前，印能以創新技術，推出「高溫高壓除泡系統」，一舉解掉了半導體封裝製程長達半世紀的痛點！

　　16 年前的傳統封裝對於製程的規格要求、技術水平、設備預算相比於此技術價值雖不足以支撐起開闊性的需求，卻也能讓公司成立以來不曾虧損過。一直到台積電投入先進封裝技術，技術與產品的價值才進一步獲得重視。爾

今在延續半導體摩爾定律、並致力開發奈米技術之際，半導體後段的封裝製程，如同晶圓代工，已發展為產業競爭重要的一支。在多年的努力下，印能不斷協助客戶驗證、展示、說明，APT 的品牌終獲認可，國際大廠也紛紛下單，並累積起業界名聲。

　　如今在高速運算（HPC，High Performance Computing）強勁需求以及在大陸傾力投入先進封裝發展的推動下，高階封裝（HPP，High Performance Packaging）所面臨的製程問題更比以往難解決，同時也吸引眾多工程人員的關注，並竭盡全力為各類製程問題找出合適的解決方法。

　　印能科技創辦人暨董事長洪誌宏表示，早

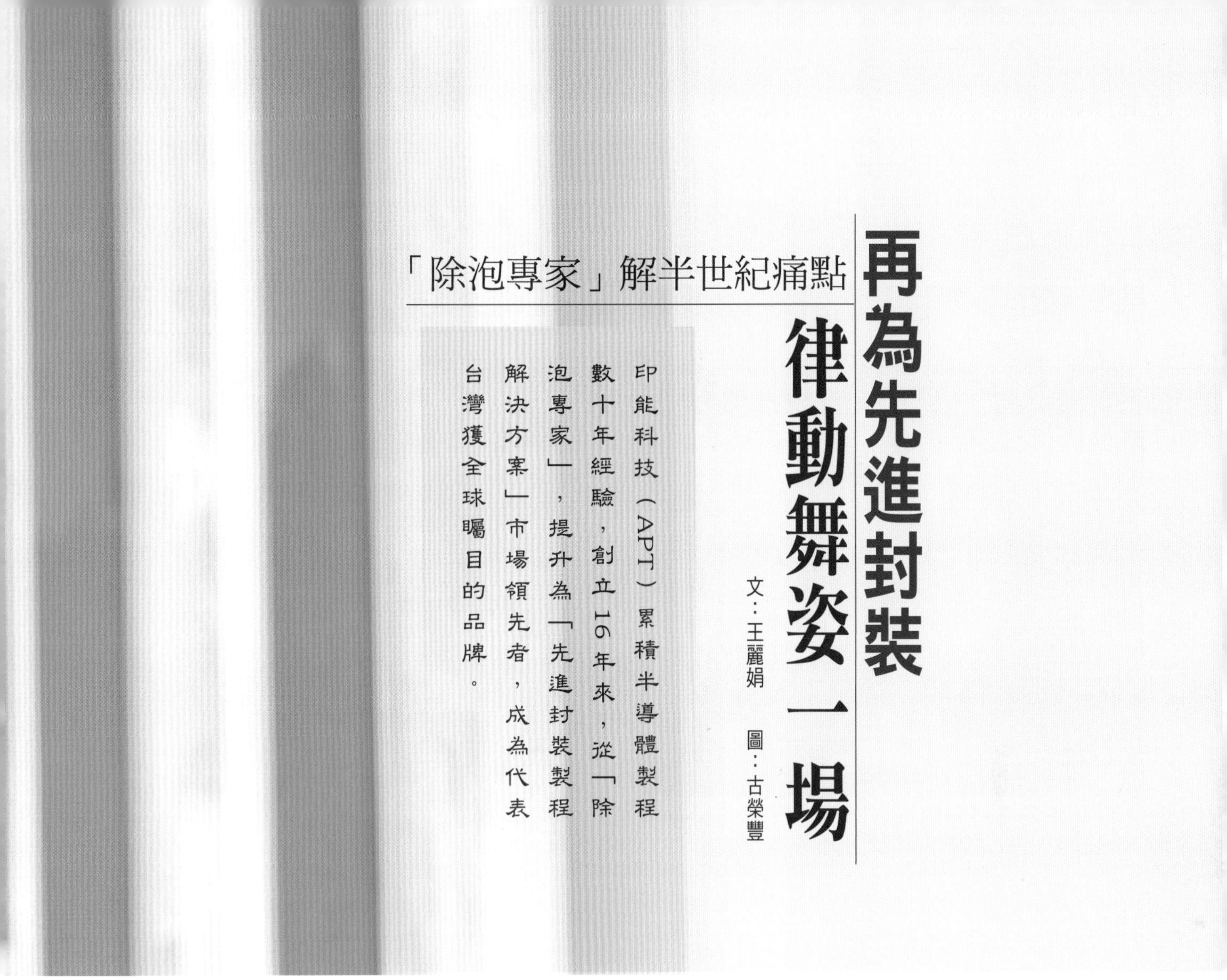

「除泡專家」解半世紀痛點

再為先進封裝律動舞姿一場

文：王麗娟　圖：古榮豐

印能科技（APT）累積半導體製程數十年經驗，創立16年來，從「除泡專家」，提升為「先進封裝製程解決方案」市場領先者，成為代表台灣獲全球矚目的品牌。

在 10 年前，印能就了解半導體走向高階封裝乃至先進封裝，都將面臨「氣泡、翹曲、金屬熔接、高效能散熱、高資本支出」等五大棘手問題，並著手尋找解答。

2023 強攻：高階封裝區塊自動化

電動車、雲端、AI、5G、元宇宙都需要 HPC 晶片，市場成長力道驚人。2022 年下半年，台積電營收比重出現關鍵性變化，來自 HPC 晶片的營收，已超過智慧型手機晶片。

就製程挑戰的角度看，洪誌宏指出，HPC 晶片相較於手機晶片，除了晶片擁有更大尺寸、更高功率，也更適合 Chiplet 封裝；因此，「大面積、多晶片封裝的氣泡、翹曲、散熱，都成為亟待解決的問題。」

「印能長期累積製程解題的經驗，雖然是點點滴滴地進行，但卻抱著能為產業找到強固耐用、一勞永逸的解決方案。」洪誌宏表示，如今印能除了為客戶解決氣泡問題、抑制翹曲之外，「在高溫金屬熔接、高效能散熱，以及降低高資本支出等方面，也累積了不少經驗。」

3D IC 封裝整合許多小晶片（Chiplet），被稱為突破半導體摩爾定律的先進封裝。洪誌宏表示，首先，多晶片凸塊的設計、尺寸、排整已遠比先前高階封裝複雜，必須克服結構上所易造成的製程物理問題、化學殘留問題；其次，必須同時考量到先進封裝走向 Hand Free 自動化的成本效率等課題。

2021 年底，在經濟部工業局「智慧機械產

持續為半導體封裝製程提出解決方案，印能科技獲第 29 屆「國家磐石獎」肯定

印能科技　先進封裝隱形冠軍

成立	2007.09
創辦人	洪誌宏
定位	協助客戶克服製程挑戰 大幅降低製造成本
主力產品	先進封裝製程除泡設備全球市占率逾 90% 區塊自動化系統 高功率老化爐
主要客戶	全球專業封裝測試廠 全球晶圓代工廠 國際半導體 IDM 大廠
專利佈局	包括台、中、美、日、韓 發明專利 逾 40 件
榮譽榜	第十九屆金峰獎 - 十大傑出企業 第十九屆金峰獎 - 十大傑出創新研發 第 29 屆國家磐石獎 第 43 屆創業楷模獎 第 23 屆小巨人獎 第 27 屆中小企業創新研究獎 2019-2022 連續四屆榮獲中小企業菁英獎
資訊安全	導入 ISO 27001 資訊安全管理系統
營收	近年快速成長，近三年年複成長率 26.8% 預計上櫃：2024 年

資料來源：印能科技
整理製表：產業人物 Wa-People

業智慧升級計畫」的支持下，印能完成開發「半導體高階封裝自動化進料平台」，成功打造「智慧型自動化高階封裝製程產線」，有效開發出兼顧技術、物料流、資訊流、安全與成本效率的解決方案。

2022 年，在經過多年反覆嘗試後，印能針對打線與覆晶封裝生產搬運自動化所遇到的最大痛點，推出解決方案，從區塊控制自動化開始逐一解決該封裝前段製程最令人煩惱的站程。

2023 年，在生成式 AI 高效能晶片的紅火議題下，也在美國對中國半導體成長抑制的氛圍下，多晶片 Chiplet 封裝正被積極的推動著，印能為解決此類高效能運算封裝製程一系列問題，遂架構出「第 4 代封裝製程簡化平台」，成了年度的營運推動的亮點。其始於呼應目前聲勢當道的小晶片封裝（Chiplet Package），也將目標擴及多數高階、先進封裝，協助客戶克服技術挑戰、提升投資效益；而「第 3.5 代自動化搬運系統」，藉由解決封裝製程中最複雜、惱人、昂貴的站程，進一步實現自動化高階封裝製程產線。

洪誌宏欣喜表示，透過「第 4 代封裝製程簡化平台」及「第 3.5 代自動化搬運系統」，可以促使封裝製程先選擇進入局部的區塊控制自動化，配合一邊生產，一邊架構自動搬運系統，由區塊模組的串聯逐步完成全廠自動化；同時，印能科技也將從「除泡專家」提升為「封裝製程解決方案」的市場領先者，讓印能科技（APT）的品牌與價值，在世界被看見！

就快啟用了！印能科技創辦人暨董事長洪誌宏（中）與多位重要幹部，攝於印能全球營運總部

協助客戶大幅降低製造成本

掌握壓力、真空與溫度的調和運作，印能經過十餘年的努力，如今「高溫氣動除泡系統」已被各領域的封裝廠廣泛接受，尤其在先進封裝更成為必要的製程設備，全球裝置量已超過 2,000 套。包括全球半導體專業封裝測試廠、晶圓代工廠及半導體 IDM 廠，皆紛紛採用印能的封裝製程解決方案。

展望市場動能，洪誌宏表示，「中國在先進封裝的積極投入，是必然的。」因為，在美國壓制中國半導體發展的情況下，小晶片（Chiplet）封裝有機會為中國的先進晶片，提供戰略性的緩衝期。

此外，在美國對中國的貿易政策驅動下，市場正轉移至東南亞；加上各國政府推動半導體製造政策，都給印能帶來商機。

從單機到整套的製程解決方案，印能將除泡、翹曲抑制、無氣泡金屬熔接、封裝散熱等

技術整合推出的「氣動與熱能製程解決方案」，為公司帶來穩健的業績成長；此外，基於對製程挑戰的解題能力，印能又發展出「自動化系統」及「測試可靠度」兩事業單位，並成立製程效能整合發展處。

分析印能的價值，洪誌宏強調，印能不僅能針對客戶未來的需求預做準備，甚至能創造市場需求，率先業界推出具有獨特技術的產品與系統。目前推動的降低製造成本的「製程簡化」及「產業暗殺革創計畫」即為其中代表。

營運總部暨研發中心，2023 年底啟用

印能發展出「氣動與熱能製程解決方案」、「自動化系統」及「測試可靠度」三事業單位，早已使得公司位於竹南科學園區的廠房，長期過荷負載。在響應政府呼籲中小企業加速投資的政策下，印能投資興建的「全球營運總部」預計 2023 年底竣工啟用。

洪誌宏表示，印能全球營運總部除了讓同仁擁有寬敞、舒適的工作環境外，也將在更完整的研發場域及無塵環境，更深入規畫與客戶的研究互動；此外，洪誌宏也希望新環境能吸引更多海內外菁英人才加入，提升研發團隊實力，強化印能的國際競爭力。

Wa-People

Cadence 數位與簽核事業群研發副總裁 Don Chan

提出摩爾定律（Moore's Law）而享譽全球的英特爾（Intel）共同創辦人之一戈登‧摩爾（Gordon Moore），於 2023 年 3 月 24 日與世長辭，享 94 歲耆壽。Moore 所創造的傳奇不僅僅只是該定律的本身，而是因此激勵了整個產業鏈上下游從設計、製造到封測等部門，為了達到他在 1965 年首度發表之「一顆 IC 上可容納的電晶體數量每年會增加一倍」（在 1975 年修正為「每兩年增加一倍」）預測目標，一次又一次突破極限、實現無數技術創新。

異質整合，3D IC 備受矚目

2023 年度國際超大型積體電路技術研討會（VLSI TSA）上，全球電子設計創新領導廠商益華電腦（Cadence Design Systems）數位與簽核事業群研發副總裁 Don Chan 受邀由美抵台，發表專題演說。他指出，無論從技術或經濟角度來看，摩爾定律都不再是唯一的最佳演進路徑，他強調，如今「具備更多彈性的異質整合 3D IC，成為備受重視的解決方案。」

這些創新在一方面以傳統主流方法持續推動 CMOS 製程朝個位數奈米節點微縮、讓更多電晶體能「擠」進單顆晶片來延續摩爾定律壽命，在另一方面則透過以先進封裝技術為基礎的「異質整合」（Heterogeneous Integration，HI）解決方案，也就是所謂的三維積體電路（3D IC），打造堆疊多顆裸晶的單封裝元件，用「繞道」方式超越摩爾定律。

超越摩爾定律
異質整合
3D IC 驅動跨領域創新

文：鄭佇君、王麗娟　　圖：許育愷、古榮豐

Cadence 是台積電開放創新平台（OIP）3DFabric 聯盟成員之一，也是台積電追求技術卓越的長期夥伴。2023 年，半導體年度盛會「 VLSI TSA Symposium」國際技術論壇，Cadence 受邀分享異質整合的技術創新。

Don Chan 以美國矽谷為例，隨著幾十年來人口增加、土地價格上漲、房子因此越蓋越多樓層做為妙喻，指出半導體元件如今也朝 Z 軸 3D 結構發展，才能在有限空間中容納更多功能與儲存量。

而從 1970 年代就出現的多晶片模組（MCM）、1990 年代末期開始發展的系統級封裝（SiP）與層疊封裝（PoP）、2008 年之後利用重分佈層（RDL）與矽中介層（silicon Interposer）實現的晶圓級封裝——即 2.5D IC，再到台積電（TSMC）獨家開發的更高互連密度、外觀更纖薄的整合扇出型封裝（InFO）與 CoWoS（Chip on Wafer on Substrate），以及由小晶片（Chiplet）堆疊組成的 3D IC，與依循摩爾定律持續微縮的 CMOS 製程技術一樣，先進封裝技術也在不斷演進，在提供應用優勢之餘，也帶來全新設計挑戰。

3D-IC 設計：整合多學科的流程

回顧過去 30 年的 EDA 技術發展，Don Chan 指出，大約每 10 年出現一次的 IC 設計方法的典範轉移（paradigm shift），都是為了因應設計工程師面臨的新挑戰，也推動了設計流程演變。從一開始有眾多小型新創公司推出解決個別設計步驟零散問題的點狀 EDA 工具，逐漸演變發展出能覆蓋從前段到後段整個 IC 設計流程的平台式全局規劃方案，而隨著晶片電路設計越來越複雜、再加上結構由平面轉向 3D，

繁重的驗證工作以及異質整合帶來的多物理場分析模擬需求，如今的 EDA 工具供應商不但得提供跨學門技術的支援，系統化設計解決方案也成為必備能力。

Don Chan 強調，如今這是全新的挑戰，「3D-IC 設計是一個多學科的流程，不但必須整合 IC 和封裝協同設計流程，還要加上系統級分析，以及數據管理的能力。」

「理想的全 3D IC 設計流程，應該涵蓋前段的系統分區與規劃、中段的封裝／多晶片設計驗證，以及後段整體系統分析驗證，並支援納入系統驅動性能／功耗／面積（PPA）指標的實作、對熱／功率的早期分析與簽核、高整合度類比與封裝協同設計、多晶片時序簽核、多晶片實體驗證，以及符合 IEEE 1838 標準的 2.5D/3D 晶片堆疊測試等功能。」

Cadence 推出的 Integrity 3D-IC 平台，就是將這些關鍵流程整合在單一管理介面的創新解決方案。藉由統一的管理介面與資料庫，為各種類型 3D 設計提供完整規劃，並能讓 SoC 和封裝設計團隊協同優化整個 3D IC 的系統。透過由 Cadence 的 Voltus 電源完整性解決方案、Celsius 求解器、Tempus 時序簽核解決方案和 Pegasus 實體驗證工具支援的早期系統級電、熱與跨晶粒靜態時序分析，該平台能降低 3D IC 設計複雜度，進而提高生產力。

Don Chan 是 Cadence 的研發副總裁，率領全球團隊，負責開發半導體先進技術

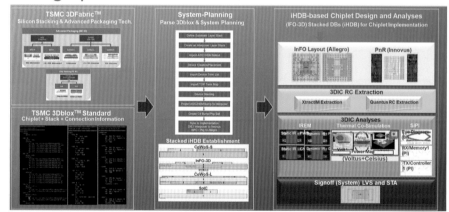

Integrity 3D-IC 平台支援台積電 3Dblox 模組化設計流程（圖片來源：Cadence）

台積電 OIP、3DFabric 聯盟重要夥伴

隨著人工智慧、智慧型手機、雲端運算、自駕車等創新應用，對運算負載的需求大增，因此，系統設計、立體堆疊 3D-IC，以及先進封裝技術，已成為眾所矚目的議題。台積電為了協助客戶提高效能、電源效率，降低成本、外觀尺寸，並加快上市時間，2020 年推出了「台積 3DFabric 技術」。

「台積 3DFabric 技術」推出後，協助 AMD、Amazon、NVIDIA 等客戶取得成功，緊

Cadence 深耕臺灣 35 年，擴大在臺研發投資，2023 年 5 月 10 日舉行創新研發中心揭牌儀式，左起台灣區總經理宋栢安、研發副總裁 Don Chan、工研院電光所所長張世杰、資深副總裁暨數位與簽核事業群總經理滕晉慶（Chin-Chi Teng）、經濟部技術處處長邱求慧、資深副總裁暨客製化 IC 及 PCB 事業群總經理 Tom Beckley、中央研究院林本堅院士暨清華大學半導體學院院長、全球副總裁暨亞太及日本區總裁石豐瑜

緊密的合作。

而更重要的是，Integrity 3D-IC 已經取得台積電的 3DFabric 技術參考設計流程標準 3Dblox 認證，實現支援模組化、可視覺化，以及早期探索，簡化 3D-IC 的設計流程，能助力 IC 設計業者加速產品上市時程。

深耕臺灣 35 年、擴大研發投資

2023 年，Cadence 歡慶成立 35 週年，5 月 10 日宣布擴大在臺灣的研發投資，於新竹成立創新研發中心，強化產官學研合作。

接著在 2022 年，台積電宣佈成立開放創新平台（OIP）3DFabric 聯盟，創下半導體產業中第一個與合作夥伴攜手加速創新及完備 3D IC 生態系統，推動半導體邁進 3D IC 的新時代，並實現次世代的高效能運算與行動應用。

Cadence 身為台積電開放創新平台（OIP）及 3DFabric 聯盟的重要夥伴，Don Chan 強調，Cadence 的 Integrity 3D-IC 平台不但完全支持台積電所有 3DFabric 的樣式，同時，Integrity 3D-IC 平台也是唯一具備從完整的系統規劃、物理實現，到系統級簽核的解決方案。

Don Chan 認為，3D IC/ 異質整合設計，除了促成全流程平台化系統級工具的進展，也讓 EDA 解決方案結合人工智慧（AI）、機器學習（ML）技術以加快驗證速度，必然成為下一個十年晶片設計方法的主流。而異質整合帶來的挑戰，也意味著是業界各部門廠商必須要有更

創立於 1988 年的 Cadence，總部設於美國，前身 ECAD 早於 1986 年即進駐新竹科學園區，是深耕台灣最久之 EDA 公司。多年來 Cadence 持續擴編研發團隊，近五年更高達雙位數以上的成長。在慶祝 35 周年之際，Cadence 進一步將研發資源於臺灣在地化，成立研發中心，強化投資規模。

Cadence 透過與經濟部技術處合作推動「全流程智慧系統設計實現自動化暨 AI 產品研發夥伴計畫」，同時攜手工研院，結合設計、試產、應用場域能量，透過全流程工具深化垂直整合及 AI 設計輔助，同時平行展開晶片、封裝、系統設計工作，大幅縮短產品開發時間。透過 AI 設計輔助不但可以減少嘗試錯誤的人力及時間，同時可將人力運用於決策判斷等高價值工作，成為半導體業人力荒的解方。　Wa-People

三大成長動能

長遠布局
2023 喜迎躍兔年

文：王麗娟、何乃蕙　　圖：古榮豐

2023 年對於宜特科技而言，是充滿商機的一年。從電動車、先進製程/先進封裝、第三類半導體、AI/HPC/5G/6G 等新技術新科技的發展，乃至太空產業，發展前景看好。

服務創新　擴大規模

「加速客戶產品上市的研發夥伴」，宜特科技（iST）成立於 1994 年，是台灣首家提供半導體驗證分析解決方案的專業公司。在提供電子產品驗證服務的基礎上，「了解客戶需求及市場趨勢，預先將工程服務團隊及產能準備好」，宜特科技創辦人暨董事長余維斌正是長期擘劃及推動的關鍵人物。

余維斌看準電子驗證產業成長趨勢，持續投資技術專業及產能。2016 年更斥資新台幣 7.68 億元購置二棟廠房，進駐竹科後，宜特總部緊鄰大客戶，走路只要 5 分鐘，更能提供最即時的服務。儘管遷入新廠辦不久後，由於擴產創造效益的速度未如預期，在營業成本與費用激增下，使得 2018 年第三季後，出現連續三季虧損，但 2019 年第二季起，宜特重回獲利軌道，營收穩步成長。如今看來，余維斌大手筆的投資布局，顯然非常具有前瞻眼光！

宜特從埔頂廠快速成長，總部進駐竹科後，兩座廠房目前產線全滿。另外在竹北設有台元廠，台北有內湖廠、加上南科營運據點，已儼然形成服務島鏈；同時積極展開全球化佈局，從台灣出發至全世界擴展宜特的驗證分析版圖，以增進國際客戶服務，加快營運腳步，強化宜特競爭優勢。

擴大產能規模後，宜特進一步展現驗證與工程技術的實力，於先進製程、先進封裝、車用電子、5G、HPC、AI 相關應用大趨勢帶動下，

宜特科技董事長余維斌布局多年效益展現

2022 年營收新台幣 37.43 億元， 歸屬於母公司淨利新台幣 4.05 億元，雙創歷史新高；稅後每股盈餘 5.33 元，創下七年新高紀錄，2023 年營收並持續攀升中。

迎接汽車電子龐大商機

2022 年，宜特科技正式成為汽車電子協會（Automotive Electronics Council，AEC） 的會員，成為亞洲首家獲准進入協會的驗證分析實驗室，而在全球數百家具備實驗室品質系統 ISO/IEC 17025 證書的第三方公正實驗室中，僅宜特一家入選為 AEC 會員。

AEC 是全球汽車電子的品質權威機構，被譽為全球汽車電子最高殿堂，目前全球會員僅有 93 家，其中包含台積電（TSMC）、聯電（UMC）等 9 家台灣企業，皆是全球翹楚。

早在 2008 年宜特就布局汽車電子驗證能力，2015 年與世界最大的汽車安全鑑定與檢測權威機構 - 德凱（DEKRA）合資成立德凱宜特（DEKRA iST），密切合作成為業界佳話。此外，宜特也在 2020 年加入鴻海 MIH 開放電動車聯盟。

回顧宜特成為 AEC 成員的經過，早在 2010 年就開始申請，直到 2022 年 11 月正式成為會員，真可說是十年磨一劍。余維斌強調，成為 AEC 技術協會會員不僅是一個重要里程碑，對於宜特也具有多重意義，其一是宜特晉級為「規格參與制定者」，可以更快速掌握車用市場的脈動。

2023 年 5 月，宜特科技董事長余維斌開心接待 DEKRA 德凱總部全球執行長 Stan，亞太區總裁 Mike，及台灣董事總經理暨德凱宜特總經理 Aaron

宜特長遠布局效益展現

2019 年 — 合併營收 33.48 億元，每股盈餘 1.1 元

2020 年 — 合併營收 30.43 億元，每股盈餘 2.8 元

2021 年 — 合併營收 32.14 億元，每股盈餘 2.02 元

2022 年 — 合併營收 37.43 億元，歸屬母公司淨利 4.05 億元，皆創歷史新高 每股盈餘 5.33 元 創 7 年新高！

資料來源：宜特科技　　（單位：新台幣）
整理製表：產業人物 Wa-People

其次，藉由深入了解國際車廠、一級（Tier-1）廠商的實驗方式，更能掌握國際品質控管趨勢，可以幫助現有消費性電子廠商更快導入電動車產業。第三，也是更為重要的一點，全世界最大的車用電子公司都在 AEC 技術協會裡，宜特有如挖到寶一般，未來將有機會爭取到這些大公司的業務。

余維斌樂觀表示，「未來宜特在電動車領域，應該會有比較大的斬獲。」

布局 5 年　材料分析顯著成長

余維斌表示，2023 年宜特的成長動能有

三，除了電動車之外，材料分析（MA）的業務也可望顯著成長，「大約可以成長 45%。」

材料分析是半導體先進製程研發階段最主力的分析項目，隨著 3 奈米新晶片設計定案的數量大幅增加，2 奈米由技術研發轉進試產的重要階段，驗證需求大幅成長。宜特早在五年前展開佈局，2022 年初已突破 2 奈米、3 奈米的驗證分析技術，而且 90% 以上已取得客戶認證。2023 年開春，宜特材料分析的業務已明顯成長。

余維斌分析，半導體先進製程、先進封裝的技術相當挑戰，第三代半導體的製程與材料不同，經常在尋求材料的創新，相對地做材料分析驗證的難度提高，整個配套的技術、人才必須跟著提升，投入的時間也更多。

然而「只要品質、交期能讓顧客滿意，解決顧客的問題，毛利也會比較好」，余維斌表示，只要客戶認識宜特是一家「以知識跟解決方案為主」、提供「整合服務」的公司，營收與獲利同步走高是可以預期的。

2023 年第三個成長動能，在於「客戶更多元化的新產品開發。」余維斌指出，包括電動車、AI、5G、6G、VR，第三類半導體，生醫晶片…等，客戶的研發速度一直在加快，新產品陸續開發出來，產品的複雜性越來越高，也更需要驗證。此外，隨著物聯網，雲端等各種節能需求，推動節能元件發展，也蘊含著宜特成長的機會。他認為，未來 8 到 10 年，透過客戶的新產品研發，將為宜特帶來可觀的成長動能。

新冠疫情期間，宜特自 2021 年 5 月至 2022 年 3 月，共實施四次庫藏股，買回近 2 萬張自家股票，花費將近 10 億元。余維斌表示，「公司股票價值被低估，是實施庫藏股的重要

宜特科技　持續創新

2015 年	與歐商 DEKRA 合資成立「德凱宜特」　互信互助、服務汽車電子市場
2017 年	宜特擴廠 12,000 坪、總部遷入竹科
2018 年	跨足晶圓後段製程領域，投入「晶圓薄化」業務 榮獲中華民國企業經理協進會「第 36 屆國家傑出總經理獎」
2019 年	榮獲經濟部工業局「第 5 屆卓越中堅企業獎」
2020 年	獨家！ 與國家太空中心、產學研界合組「台灣太空輻射環境驗測聯盟」 榮獲 2020 年「MVP 百大經理人」獎 大幅加薪，調薪幅度達 6－10% 11 月，「晶圓薄化」業務衍生成立子公司「宜錦科技」 聚焦：節能元件的解決方案
2021 年	榮獲經濟部「第七屆國家產業創新獎」
2022 年	十年磨一劍！ 登上汽車電子最高殿堂，獲認可為 AEC 成員 第 76 屆優良商人之「金商獎」 員工人數：約 1000
2023 年	三大成長動能 一、電動車 二、先進製程／先進封裝／第三類半導體 三、AI/HPC/5G/6G 新技術 員工人數：1100（估）

資料來源：宜特科技
整理製表：產業人物 Wa-People

原因。」他表示，宜特將買回的庫藏股註銷後，股本從 9 億元瘦身到 7.48 億元，未來每股盈餘的表現將會更好。

節能元件解決方案

　　5G、物聯網、電動車蓬勃發展下，各種強調省電的低功耗半導體元件需求日增。宜特於 2018 年跨入「晶圓薄化」業務，關鍵就在於晶圓薄化不但可以讓電子元件封裝後更精巧、減少熱能累積，不但節能，同時還可增加晶片壽命。

　　然而，晶圓薄化與宜特的驗證服務，在業務型態上完全不同，於是 2020 年 11 月，余維斌將晶圓薄化的業務獨立，衍生成立子公司「宜錦科技」。他並為宜錦指出大方向，聚焦「節能元件的解決方案」，「專注做技術門檻最高的最高、毛利率最高的產品，服務全世界最大的客戶。」

　　余維斌表示，如今宜錦已通過多家世界級大廠的量產認證，營運穩定成長。

　　此外，宜特在太空產業的布局，也再次領先業界。2020 年 3 月與國研院太空中心簽署合作意向書，針對「太空零件檢測驗證」展開合作後，宜特首例太空電子零件驗證任務，已於 2021 年 4 月完成。

　　余維斌十分看好火箭、衛星等太空應用帶來的可靠度驗證商機。他指出，隨著電子製造技術進步，被稱為立方衛星的尺寸已縮小到 10 立方公分。衛星相關零件越做越小，該有的功能絲毫不減，加上太空高低溫差大、還有輻射等因素，應用環境更為嚴峻，可靠度的要求非常高，所有的元件都需要驗證。

　　過去，所有太空元件的驗證都必須送到海外，未來送到宜特，只需短時間就可以完成。此外，基於夥伴關係，宜特也會分享經驗，「與廠商討論建議元件設計或修改方向」，成為宜特進軍太空產業的獨特優勢。　Wa-People

多管齊下
國際化布局
迎接第二個 30 年

文：王麗娟、陳玉鳳　　圖：古榮豐

崇越集團長期深耕半導體、光電、太陽能等科技領域，服務範疇涵蓋材料、工程建設、環保、綠能及大健康，近年隨著客戶布局海外，提供無縫接軌的技術及服務，同時創建供應鏈平台，持續擴大國際影響力。

營收突破五百億　迎接第二個 30 年

迎接第二個 30 年，半導體及光電關鍵材料的整合服務龍頭崇越科技（TOPCO）於疫情衝擊期間，業績持續締造新高紀錄，2021 年突破新台幣四百億元，2022 年進一步突破五百億元，達 528.6 億元。

2023 年開春，崇越集團董事長郭智輝於記者會中表示，今年崇越將推出兩項創新服務，驅動成長動能，服務據點將拓展到美國、日本、東南亞，以及未來的德國、甚至印度。

第一項創新服務是創建供應鏈夥伴平台，串聯台灣中小型供應商，一起服務海外客戶；其次是針對中小型供應商克服海外營運的痛點，在市場情報、行銷、物流、倉儲等方面分享資源並提供協助。

支持台積電　加快海外布局

2020 年，崇越科技創立 30 週年的里程碑，除了業績持續快速成長外，更榮獲「台灣永續企業績優獎」及「企業永續報告金獎」雙料殊榮肯定，由執行長李正榮代表領獎。

談到海外布局，李正榮表示，「客戶到哪裡，我們的服務就必須到那裡。這是我們的基本信念。」「過去半導體產業講全球化，如今談的是全球在地化，」他指出，「客戶到海外地區發展，就是我們的機會。」

崇越集團 2003 年正式在中國展開布局，如今子公司上海崇誠已拓展出 11 個分支據點，全年業績約佔崇越整體營收近四成。

另一個成長得很快的市場是新加坡，崇越於 2020 年 1 月取得日本信越光阻液在新加坡市

崇越科技執行長李正榮

場的獨家代理權後，業績進一步大幅度成長；李正榮指出，過去馬來西亞大都以半導體後段封裝業務為主，近來也有晶圓廠興建新廠，因此崇越也在 2022 年前往馬來西亞設立子公司檳越科技。

長期以來，崇越與台灣半導體產業共同成長。如今，隨著台積電前往美國與日本設廠，半導體供應鏈隨之移動，崇越也在鳳凰城南邊大手筆購進四萬坪土地。

「崇越 2021 年投資美國，2022 年投資日本，和過去的海外布局不太一樣，如今我們到美國及日本，第一個目標就是服務台積電，讓供應鏈無縫接軌，讓客戶安心。」

李正榮表示，崇越在美國亞利桑那州買地建廠，在日本設立子公司，「取名峻川商社，展現的是不管山多高、水多深，我們都要跨過

去的決心。」此外，崇越還要創建一個供應鏈平台，協助台灣中小型的供應鏈夥伴，一起前進海外市場。

打造供應鏈平台　前進海外市場

供應商隨著客戶到海外布局，充滿許多挑戰，特別對規模較小的廠商而言，更是如此。舉例來說，由於每個國家、地區規定不同，針對各種特殊化學品及氣體的許可證申請、準備庫存倉儲、安排物流等，如果能夠先把這些工作預先布置好，就是對客戶最好的服務。李正榮表示，崇越很樂於分享海外布局的經驗與資源，鏈結供應鏈平台，協助中小型的夥伴廠商。

李正榮表示，「台積電的成就，的確讓競爭對手有所改變，如今他們對台積電的供應鏈廠商，也都充滿好奇。」「我們在鳳凰城的地點，

距離台積電及英特爾都不遠,未來英特爾也是我們的潛在服務對象。」

「安心、無差異的服務,」是客戶到海外布局時,最希望供應商能夠做到的事,李正榮強調,崇越在國際化的過程中,建立了產品經理(PM)制度,運作得相當順暢。

在崇越,PM 作為產品負責人,必須負責對應供應商,確保產品順利抵達客戶端,滿足品質、規格、交期等各種要求。以矽晶圓為例,無論是用到客戶的美國廠、日本廠,或新加坡廠,都是由 PM 負責前期導入、開發新客戶,並訓練當地員工,協助他們投入市場。

由於崇越代理很多商品,有些新產品除了台灣使用,可能未來也可在海外其他區域使用,屆時 PM 就必須協助服務海外客戶。李正榮表示,「在供應鏈平台上,我們在開發新產品及新市場時能夠相當成功,我認為崇越建立的 PM 制度,可說是關鍵的商業模式。」

加速成長方程式

崇越的營收包含三大部分,去年半導體及光電材料銷售約佔總營收 84%;其次是來自工程的營收,包括循環經濟及綠能、綠電等相關工程,約佔總營收 15%;第三是大健康事業,約佔總營收 1%。

「健康是最重要的,」李正榮強調,崇越集團董事長郭智輝在大健康領域花了很多心血大力推動,「強調安心食用、並提供最好的運動環境,對社會非常有幫助。」

談到崇越的成長動能,李正榮說,「2021年我們併購了三家公司,分別是光宇工程顧問、台螢實業,以及專注於半導體設備真空泵專業維修買賣的越頂科技。」

光宇工程顧問是國內離岸風電環評業務的領導者,崇越斥資 4.4 億元取得 78.6% 股權,

崇越科技集團(TOPCO) 里程碑

1982	張永然創立「崇越貿易」,代理日本信越化學產品
1990	「崇越科技」成立
2000	上櫃
2003	上市 營收 53.26 億元
2007	突破 100 億元 營收 149.7 億元
2016	突破 200 億元 營收 226.3 億元
2019	突破 300 億元 營收 317 億元
2020	成立三十週年 營收 361.7 億元
2021	突破 400 億元 營收 426.7 億元
2022	突破 500 億元 營收 528.6 億元

資料來源:崇越科技
整理製表:產業人物 Wa-People

由賴杉桂博士擔任董事長,跨足潔淨能源、環境評估、監測等環境工程顧問領域。

台螢實業將半導體廠的氟化鈣汙泥,資源化再利用,製成人工螢石之後,提供中鋼及越南的鋼鐵廠作為助熔劑,崇越這宗投資與客戶攜手合作,實踐了循環經濟的價值。

如今崇越集團除了新增美國及日本市場,在新加坡,崇越 2022 年也取得聯電及格羅方德(GlobalFoundries)的廠務工程合約。此外,崇越基於和日本連結很深的長期合作關係,近來也積極在日本找尋產業的隱形冠軍,已分別在 3D IC 先進封裝材料,以及防潮的新材料,與夥伴廠商展開密切合作。

崇越科技引進靈動微電子 32 位元 微控制器（MCU），搶攻汽車電子、智慧家電、消費性電子市場

崇越科技與高訊科技合作，提供媲美 HDMI 的低延遲、高畫質、高穩定性的無線傳輸方案

李正榮表示，「找到好的併購或合資對象，是崇越快速成長的重要策略。」「崇越希望除了代理商品之外，也擁有自己的產品及技術，可以從代理商品往上延伸，也可以跟供應商展開更深的合作關係。此外，崇越也投入新技術開發，與工研院材化所也有合作專案進行中。」

2023 年的 COMPUTEX 台北國際電腦展，崇越展出的高畫質影音傳輸方案，以及變形金剛 AI 機器人相當吸睛。包括無線影音傳輸晶片技術、Mini LED、Micro LED 顯示模組，以及可廣泛應用於消費電子、汽車電子、AI 機器人及智慧家電的微控制器（MCU），充分展現崇越代理優勢商品、研發新產品、優化整合服務，與客戶共創雙贏、追求不斷成長的企圖心。

持續成長、專業化、國際化

針對國際化的人才培養，李正榮表示，崇越正與日本熊本大學等國外學校商談合作，將以提供獎學金的方式，引進大學畢業生來台灣就讀研究所，並利用暑假到崇越工讀，了解台灣及崇越的文化，如此一來，畢業後可以回到故鄉，加入崇越設立在當地的團隊。

「崇越集團董事長郭智輝還有一個目標，就是推動全英文化溝通，」李正榮指出，過去崇越海外營運的最大據點，從中國、新加坡，甚至越南，都算華人社會，中文溝通沒有問題，但接下來日本、美國，未來可能加入印度、德國，外語溝通能力就很重要，必須預做準備。

「我的夢想是創造一個讓同仁持續成長的環境，包括工作、專業領域，以及國際化。」李正榮表示，將以崇越的中堅幹部做為人才庫，加上好的訓練，「未來崇越的成長就靠這一批生力軍往外去打仗。」「希望有一天，崇越科技能成為巴菲特也想要投資的商社。」

Wa-People

東京威力科創總裁張天豪

　2023 年開春，日本最大半導體製造設備商 Tokyo Electron （TEL） 臺灣子公司「東京威力科創」，再次獲得台積電肯定供應商的最高榮譽，獲選為「2022 年台積公司優良供應商」，表彰該公司在支援量產、卓越技術合作的表現。

60 週年里程碑

　2023 年迎來 60 週年慶的 TEL，總部位於日本東京赤坂，如今在全球 18 個國家，設有 83 個據點，並發展成為日本第一大、全球第三大半導體製造設備商。1989 年，TEL 透過漢民科技代理，雙方攜手合作，積極支援臺半導體與面板產業發展。1996 年，TEL 來臺灣設立子公司東京威力科創，並進駐竹科設立總部。

　2022 年 11 月 25 日，台南科學園區天氣宜人，這一天是東京威力科創加碼投資臺灣的重要里程碑。行政院副院長沈榮津、經濟部部長王美花、經濟部工業局局長連錦漳、經濟部工業局電資組副組長暨台日產業合作推動辦公室執行長呂正欽、經濟部投資業務處營運長陳明珠、台南科學園區管理局局長蘇振綱、台南市副市長趙卿惠等政府官員，皆應邀出席東京威力科創台南營運中心的開工動土典禮。

　動土典禮由東京威力科創董事長伊東晃（Hikaru Ito）主持，包括總裁張天豪、營運本部總經理柯昱成，以及日商清水營造國際支店執行役員藤田仁、大元建築工場合夥人沈國健等，都是打造該中心的重要推手。

歡慶一甲子
投資臺灣三大目標成績亮眼

文：王麗娟　圖：李慧臻

半導體製造設備大廠 Tokyo Electron（TEL）子公司「東京威力科創」持續投資臺灣並擴大布局，具體實踐開發先進製程、發展在地供應鏈，以及培育全球人才等三大目標，寫下跨國公司在地化發展的典範。

東京威力科創成立 27 年來，除了服務客戶推廣業務外，更訂下開發先進製程、發展在地供應鏈，以及培育全球人才等三大目標。

Hikaru Ito 表示，因應客戶在臺灣南部的半導體廠投資持續擴大，特別設立台南營運中心，占地 35,000 平方公尺，預計於 2024 年下半年完工，約可容納上千人，將促進當地就業機會。

技術中心、訓練中心

綜觀東京威力科創近年在業務、技術、人才等三方面的表現亮眼，其核心關鍵在於 TEL 集團全面支援半導體四項關鍵連續製程，對客戶而言，不僅能解決技術難題、兼顧高效產能，同時可以加快製程時間並降低成本。

東京威力科創的四項關鍵製程設備包括：沉積製程設備、塗佈顯影機、蝕刻機與洗淨製程設備。其中，與 EUV 曝光機搭配的光阻塗佈顯影機台，幾乎擁有 100% 市占率，雖然 TEL 集團向來低調，但仍難掩隱形冠軍的產業實績。

東京威力科創於竹科總部設立技術中心，多年來持續協助客戶共同開發最新技術；此外，在推動臺灣廠商加入國際供應鏈方面，東京威力科創也做出積極貢獻，在台南設立的委託製造中心，已製造並銷售數千台 12 吋晶圓設備。

2021 年底，東京威力科創擴大投資，挹注更多資源，在竹東成立「台灣訓練中心」，以先進的精密設備、經驗豐富的師資、為海內外客戶及準備進入晶圓廠的工程師，打造世界

東京威力科創台南營運中心動土大典，董事長伊東晃（右五）、總裁張天豪（左六）、TEL 執行董事阿曾達也（左五）、營運本部總經理柯昱成（右一）與出席貴賓行政院副院長沈榮津、經濟部部長王美花、經濟部工業局局長連錦漳、經濟部工業局電資組副組長呂正欽、南科管理局局長蘇振綱、台南副市長趙卿惠、經濟部投資處營運長陳明珠、清水營造執行役員藤田仁（2022.11.25）

級的培育基地，每年服務能量達 3,000 人次。2023 年 3 月，東京威力科創也首度邀請媒體，參觀該訓練中心先進的設備與培訓環境。

　　隨著近年物聯網、人工智慧及 5G 通訊等終端市場應用蓬勃發展，東京威力科創精準掌握產業對半導體晶片的需求，業績蒸蒸日上。而積極的技術投資，是該公司的成長得以超越市場的關鍵。據了解，TEL 集團將持續大手筆投資研發，未來 5 年至少將投入一兆日圓。

讓客戶動心、安心

　　一般人也許只看到晶圓大廠的資本支出與設備採購時程，但設備商能夠獲得客戶肯定，並頒發優良供應商的獎座，關鍵在於能夠理解客戶需求，能讓客戶動心、也能安心。從設備性能、維護保養、障礙排除、穩定供應、成本競爭力及生產效率等多方面，滿足客戶的期望，不但在衝刺大量生產時，能夠快速支援，更能夠朝向追求卓越領先的目標，與客戶緊密合作。

　　TEL 與漢民科技的合作，寫下設備原廠與

Tokyo Electron（TEL）投資臺灣

1989 年	透過漢民科技代理 緊密合作、服務產業
1996 年	子公司「東京威力科創」成立
2009 年	成立「TEL 台灣技術中心」
2021 年	成立「台灣訓練中心」
2022 年	台南營運中心舉行動土（11 月 25 日） 全國機器人大賽，邁入第七屆
2024 年	台南營運中心落成啟用（預定）

資料來源：東京威力科創
整理製表：產業人物 Wa-People

代理商夥伴密切合作的產業佳話。漢民科技成立於 1977 年，在創辦人黃民奇帶領下，從臺灣自工研院開始萌發半導體產業之初，就積極投入製造設備及生產效率的技術支援與服務。

東京威力科創總裁張天豪（右三）率主管打造「台灣訓練中心」，更可透過 AR、VR 輔助設備及模擬器，熟悉遠距檢修及製程操作，左起：萬義峧副處長、陳曉婷經理、周正岡協理、陳伯彰協理、張天豪總裁、陳定賢經理、邱心慈副部經理

2021 年底，東京威力科創在竹東成立「台灣訓練中心」（示意圖）

四十多年來，不斷錘鍊團隊的專業、責任心與榮譽感，累積出客戶的信心與好口碑。

東京威力科創自 2019 年起擴大營運管理，歡迎漢民原來負責 TEL 產品線的工程及銷售人員轉入，三年間，東京威力科創的員工從數百人增加到 1,800 人。在委外製造生產方面，東京威力科創與漢民仍持續合作，迄今已製造出數千部半導體設備行銷全球。

2023 年上半年，儘管半導體業景氣仍處修正期，但高階半導體的更多層結構已是趨勢，沈積製程設備預期將再有新需求，因此，東京威力科創於 2023 年 3 月 20 日宣布，將在日本東北岩手縣奧州市設立第七座新廠，專注沈積製程設備的製造，預定 2025 年秋季完工，為客戶的未來需求預做準備。

珍惜員工　培育人才

張天豪表示，TEL 總裁暨執行長河合利樹（Toshiki Kawai）非常重視人才，認為「人才是公司最重要的核心價值」，並希望每位同仁能夠在工作上找到熱情及真正的快樂。東京威力科創董事長伊東晃（Hikaru Ito）也經常提醒張天豪，「要用愛心來做管理。」東京威力科創不僅為員工建構完善的福利制度，還提供多元補助及績效獎金作為激勵，致力營造工作與生活平衡、多元共融的工作環境。

2018 年加入東京威力科創的張天豪，曾在美商應用材料公司任職二十多年，並負責中國市場。他表示，半導體產業成長的步調將持續下去，東京威力科創在清華大學成立半導體學院時，一開始很快就決定加入產學合作計畫，不僅贊助經費與獎學金，技術長（CTO）也撥出時間於清華大學開課，提供專業知識課程，深化產學合作效益，培育優秀人才。

此外，東京威力科創舉辦的全國機器人大賽，2022 年底已邁入第七屆。張天豪表示，這項競賽獲得各大學踴躍報名參加，從動作、速度，到智能，機器人能夠判斷顏色、選擇路徑、遠端操控機械手臂，各支團隊展現創新、創意與團隊合作精神，加上交流與觀摩，每年都有大幅度的進步。這項比賽除了吸引新血輪透過參與賽事，增廣見聞並快速累積經驗，也有機會從比賽中延攬人才，張天豪希望這項競賽能夠持續呼應產業的未來需求。　Wa-People

台積電忠實夥伴

偉詮電子

傳承與蛻變

文：王麗娟　圖：古榮豐

2021 年，歷經疫情、塞港、晶圓短缺、長短料等等目不暇給的衝擊，企業界歷經了緊張且忙碌的一年。與此同時，由於生活型態的改變以及新技術的推出，反而帶動了半導體的強大需求。

偉詮電子（Weltrend）專注電源管理 IC，繼 2020 年營收創新高之後，主力產品 USB Type-C PD 快速充電 IC 於 2021 年出現強勁的市場需求，除了自家產品營收成長 42%，代理產品線也成長 30%，總計 2021 年總營收成長 37.41%，創下歷史新高。

啟動年輕世代擔綱

緊接著，偉詮電子於 2022 年發布兩則新聞，充分展現創辦人林錫銘董事長傳承永續的智慧，以及與時俱進、因應內外在環境所做的改變，持續創新成長的決心。

首先是於 7 月 5 日，偉詮電子生日當天，通過了總經理林崇熹以及營運長蔡孟哲的任命

偉詮電子創辦人林錫銘董事長暨執行長、總經理林崇熹

案，開啟了年輕世代擔綱的列車，為了輔佐傳承，林錫銘仍兼任執行長。

新任總經理林崇熹 1982 年次，高中時代就赴美國求學，並就讀伊利諾大學香檳校區電機系，接著取得哥倫比亞大學工管碩士。畢業後林崇熹在台積電北美公司任職，前後在美國學習與歷練了十年。

返台後林崇熹在台積電子公司創意電子（GUC）服研發替代役，負責歐洲業務前

成立於 1989 年的 IC 設計公司偉詮電子，創立迄今已邁入第 34 個年頭，長期以來，一直是台積電的忠實彩伴。2021 年，偉詮電子獲台積電支持，盡力降低客戶缺料的衝擊，營收寫下歷史新高。2022 年偉詮公布二則新聞，展現創新傳承的企圖心。

後四年。之後在外資公司麥格理資本證券（Macquarie）擔任研究部協理二年，曾發表過世界先進、台積電、力旺等等具有份量的外資研究報告。2014 年林崇燾回到父親林錫銘創立的偉詮電子幫忙，擔任董事長特助以及業務、產品企劃、人資、資訊管理等主管前後八年，對於偉詮電子最近六年多來的成長有顯著貢獻。

新任營運長蔡孟哲 1976 年次，成大電機系及研究所碩士。早期曾任職於台灣飛利浦及偉詮電子，後來在尚未併入聯發科（Mediatek）的晨星半導體（MStar）服務九年，有很顯著的績效與貢獻，也學習到晨星電子優秀的 TI 管理文化，2019 年蔡孟哲回到娘家偉詮服務，迄今已近五年。

收購陞達科技

偉詮電子 2022 年發布的第二則要聞是，董事會於 7 月 27 日決議通過，公開收購陞達科技公司 51% 股權，以取得經營主導權。

偉詮電子完成收購陞達科技後，陞達新增三席董事，包括偉詮電董事長林錫銘、總經理林崇燾、財務長郭幸容，林錫銘也出任陞達科董事長。

陞達科技專精於無刷直流馬達控制晶片，在伺服器散熱風扇應用為業界主要供應商之一，此領域也是偉詮電子近年積極耕耘的重點之一。雙方在技術與產品有高度的加乘效果，同時，又有極低的客戶重疊率。

偉詮電子預估，透過此收購案，期望讓彼

偉詮電子創辦人林錫銘董事長暨執行長

此能擁有極佳的基礎去爭取正在高速成長的資料中心的需求。

林錫銘認為，「IC設計產業面對競爭持續加劇，同業不論透過整併或任何形式之策略合作是無可避免的趨勢。」他相信透過此次的收購，可結合偉詮電子與陞達科技的研發資源、銷售通路、與後段運營，發揮規模經濟的效益，在日益競爭且變化快速的全球半導體市場中，進一步提升雙方的競爭力，提供客戶創新的技術與優質的服務。

偉詮電子創辦人林錫銘董事長暨執行長，率主管們打造受人尊敬的優質公司，左起生產製造副總經理陸澤仁、總經理林崇熹、董事長林錫銘、財務長郭幸容、研發長劉建成、營運長蔡孟哲

信賴與承諾！

林錫銘表示，「併購是一個趨勢，偉詮未來仍會繼續尋找合適的標的，追求公司的成長。」然而，在改變的同時，偉詮也堅守一些不變的東西，「首先就是信賴與承諾。」

林錫銘說，偉詮電子有一個和許多IC設計公司不一樣之處，就是配合的晶圓代工廠幾乎只以台積電為主。他表示，由於偉詮的規模並不大，因此想要靠著腳踏兩條船取得較好的晶圓價格，並不切實際。「台積電雖然比較貴，但是品質、交期和技術都很優異，是值得信賴的夥伴。如果說偉詮是台積最長久最忠實的夥伴其實並不誇張。由於台積電也很重視夥伴關係，偉詮電子在2021年全球晶圓大缺貨時，得到台積電的支持，盡力降低客戶缺料的衝擊，

也因此得到客戶的信賴。」

積極的社會責任

其次不變的是，偉詮對公司願景的執著與堅持，「打造一個獲利良好，於特定產品線有重要影響力，工作有樂趣，而且具有人文關懷色彩的優質公司。」

2017年3月，有台灣最大上市櫃公司聯誼會之稱的「磐石會」，於成立二十周年之際，推選林錫銘接任會長。在新舊任會長交接時，林錫銘語重心長希望政府推動政策時要多注意企業與人民的聲音，更透過萬言書對總統提出建言。他曾直言臺灣IC產業的困境，包括稅制、投資，以及人才外流問題，希望政府關注全球局勢，並為產業營造良好的經營環境。

林錫銘更是眾多上市、櫃公司中，少見的親自給股東寫信的董事長。翻開偉詮電子每年股東會的營運報告書，那封「給股東的信」，

虎虎生豐！林錫銘董事長手下有四名大將恰巧都肖虎，左起生產製造副總經理陸澤仁、財務長郭幸容、董事長林錫銘、研發長劉建成、生產製造資深處長彭國政

偉詮電子　里程碑

2015	車用電子研發團隊榮獲中華民國科技管理學會第十七屆科技管理團隊獎
2018	自有產品銷貨量超過 1.94 億顆，創歷史新高
2020	自有產品年度銷貨量超過 2.66 億顆，創歷史新高 年度營業額 26.2 億元，創歷史新高 USB PD 控制晶片於筆電及遊戲機出貨佔有率持續居世界第一
2021	榮獲 2021 EE Awards Asia 亞洲金選獎之最佳產品獎 年度營業額 36 億元，創歷史新高
2022	董事長林錫銘兼任執行長 通過總經理林崇熹、營運長蔡孟哲任命案 收購陸達科技，進攻伺服器、資料中心市場

資料來源：偉詮電子
整理製表：產業人物 Wa-People

公司創立至今已合作 34 年的堅強團隊！董事長林錫銘、財務長郭幸容、研發長劉建成、生產製造資深處長彭國政

每字每句，都是他誠懇真切的營運心得。

林錫銘說，「34 年來偉詮努力實踐成為一個良善企業，時時不忘對股東的承諾，要追求獲利。但是也關心社會、關心環保、關心弱勢、關心公理正義。」林錫銘覺得，這樣子賺錢才有意義！

他期望偉詮追求的不僅是要獲利良好，而且要成為受人尊敬的優質公司。對於企業的社會責任，林董事長認為企業有能力捐輸急難救助當然是好事，但是不可忘記最基本的利害關係人是股東、員工、客戶、供應商與社區。

林錫銘認為，企業經營者的言行動見觀瞻，對社會有影響力，因此尤應「發揮正見，在不為己私的前提下對政府提出建言，使企業的經營環境更良好，社會的公理正義更彰顯，國家的治理更完善。」他認為，這是更積極的社會責任。

Wa-People

國立陽明交通大學電機學院名譽講座教授施敏院士（Dr. S. M. Sze）

2022 兩個好消息！

施敏院士（Dr. S. M. Sze）暨國立陽明交通大學終身講座教授，引領全球半導體元件開發、作育英才無數，2022 年 7 月又為學校帶回了兩個好消息！

第一個好消息，施敏的著作《Physics of Semiconductor Devices》（半導體元件物理學）第四版全球發行，中文版同步上市，特別在 7 月 8 日這天舉行新書發表會。第二個好消息，施敏於 2021 年獲得「未來科學大獎」，特別將獎座捐贈予校方作為紀念典藏。

國立陽明交通大學校長林奇宏於新書發表會上收到施敏親手致贈的第四版新書，這是國立陽明大學與國立交通大學兩校合併以來，第一本在國際出版的重要著作，意義非常遠大。

林奇宏致詞表示，「飲水思源、彼此成就」是交大的傳統，施敏教授將「未來科學大獎」捐贈給學校，對後輩帶來很好的啟發，讓他十分感佩。

偉大教授的典範

國立陽明交通大學副校長唐震寰推崇施敏院士是偉大教授的典範。他表示：「如今我們身處數位轉型時代，背後兩項重要科技，一是電晶體，第二項浮閘記憶體（Floating Gate Memory）效應正是施敏院士 1967 年與貝爾實驗室同事姜大元的創世紀發現。」他強調：「施敏院士研究的科學成果造福人類，對國家社會

發明、暢銷書、培育英才

塞翁失馬
焉知非福的傳奇人生

文：王麗娟　圖：李慧臻、蔡鴻謀

2022 年 7 月，施敏院士為國立陽明交通大學帶回兩項好消息！其一，他將 2021 年獲得「未來科學大獎」的獎座捐予學校典藏；其二，他的著作《Physics of Semiconductor Devices》（半導體元件物理學）第四版全球發行了，中文版亦同步上市。

1969 年出版　　1981 年出版　　2007 年出版　　2021 年出版

施敏院士的著作，全球最經典的半導體教科書《Physics of Semiconductor Devices》（半導體元件物理學）1969 年出版以來，被譽為「半導體聖經」。2021 年，第四版全球發行上市！

與經濟發展，做出偉大貢獻。」

除了發明，施敏在四、五十年前，就為台灣培育高階人才。「中華民國最早的三位工學博士，都是施敏的學生。」包括國立交通大學故校長張俊彥、故副校長陳龍英，及褚冀良，分別於 1970、1971、1972 年取得博士學位。所以，施敏院士的徒子徒孫，在產官學界的數量相當驚人。

此外，1970 年代，施敏院士就參與台灣發展半導體產業的規劃，唐震寰說：「他對台灣的產業發展，早就扮演導師的角色。」

孫運璿先生在工研院電子所慶祝成立 25 周年時，對媒體說，他要特別感謝兩個人，其中一位就是施敏教授。因為當年台灣要投入半導體產業，整個計畫幾乎佔了年度經費的三分之一，孫運璿身為經濟部部長，面臨相當大的壓力。「當時所有相關部會通通反對，只有兩個人說，一定要做！其中一位就是施敏教授。」他強調：「因為台灣是島國，地底下沒有礦產資源，唯一就是往上長，靠腦袋！」

1990 年施敏院士返國到交大擔任講座教授，2010 年交大頒贈終身講座教授，至今已於陽明交大任教逾 30 年。施敏院士的成就與貢獻

備受國際推崇，是少數當選中央研究院院士、美國國家工程院院士以及中國工程院外籍院士的三院院士。

施敏院士1991年獲全球電機電子工程師學會（IEEE）頒發 J.J. Ebers 獎；2014年獲工研院院士；2017年獲頒 IEEE 的最高榮譽尊榮會員（Celebrated Member）。

新書發表會現場，同時展出施敏院士過往贈予校方的 IEEE「尊榮會員（Celebrated Member）」獎座、全球「快閃記憶體高峰會」（Flash Memory Summit）頒發的「終身成就獎」獎座，還有他1967年的重要研究成果，最早發表的「浮閘記憶體」論文，以及他撰寫的《Physics of Semiconductor Devices》（半導體元件物理學）英文手稿等珍貴史料。

施敏院士親自將《Physics of Semiconductor Devices》第四版新書，贈送給國立陽明交通大學校長林奇宏（右二），右一為副校長唐震寰，左一為共同作者李義明教授

交大電子研究所　最早讀到這本書

1969年，施敏花了近3000個小時完成著作《Physics of Semiconductor Devices》（半導體元件物理學），交由全球知名的 Wiley 出版社發行。

施敏院士在他的傳記《施敏與數位時代的故事》中談到，1968年，在董浩雲講座的支持下，他到國立交通大學任教一年，當時，他所撰寫的《Physics of Semiconductor Devices》（半導體元件物理學）正準備出版，內容先作為上課講義，交大電子研究所的學生，是全世界最早讀到這本書的幸運兒。

施敏在新書發表會現場，傳閱這三位博士的論文。「張俊彥的論文是在交大寫的；陳龍英、

褚冀良，是到美國貝爾實驗室，在我的部門做的。」施敏強調三位博士的論文：「完全貨真價實，百分之百沒有抄襲，都寫得蠻好的。」語畢，現場揚起一陣熱烈掌聲。

《Physics of Semiconductor Devices》（半導體元件物理學）被翻譯成六國語言，銷售超過300萬冊，全球數以千計的大學採用為教科書，對培育半導體科技工程人才貢獻卓著，被譽為「半導體界的聖經」。

1988年，施敏的女兒和由施敏撰寫出版的著作以及各種翻譯版本的書籍站在一起，拍下讓人一眼難忘的照片，超越「著作等身」的意象。此時《Physics of Semiconductor Devices》（半導體元件物理學）已出版第二版，全球熱銷，除了英文原著及正式授權翻譯的版本外，盜版更是難以估計。

新書發表會上，施敏致詞時說：「第四版新書，主要是李義明教授寫的，他花了90%的力氣，我大概只花了10%，他的功勞很大。」他以幽默的口氣，介紹每一版的出版時間：「第一版1969年，美國第一次登陸月球；第二版1981年，英國查爾斯王子和黛安娜結婚；第三

1988 年，施敏的著作被翻譯成多國語言，疊起來比女兒還高！（提供：施敏教授）

版 2007 年，蘋果的賈伯斯推出 iPhone，改變了全世界；第四版 2021 年，我獲得未來科學大獎，剛剛把獎座送給校長，獎金已經花掉了。」針對大家好奇的一百萬美元獎金，施敏說，其中有一半付了美國的稅，其他的給孫子孫女讀書。

寫書的動機，原來是這樣

施敏院士談起寫書的動機，原因竟然跟他當年遭遇的挫折有關。

1963 年 3 月，施敏取得史丹福大學博士學位後，搬到美國東岸，加入貝爾實驗室（Bell Labs）。1967 年，半導體的技術還在微米（micron）世代，當時貝爾實驗室有一個專案，準備從 15 微米做到 10 微米，對於實驗與研究

相當專注認真的施敏，向主管提出申請，希望可以負責這個專案。不料上司 Bill Boyle 卻以幾近種族歧視的口氣說，「你這個老中，英文不太行，可能也沒有領導能力 ...，」不久就把專案給了另一位部屬。

施敏眼見上司 Bill Boyle 委派的人選，在各方面客觀條件都比自己遜色，感到很生氣，「所以我就想做些比較難做的事，後來就寫了這本書。」

「當初對寫書毫無經驗，也沒有人可以請教，不知道怎麼寫法！」施敏把貝爾實驗室截至 1967 年的所有半導體元件相關文章，全部蒐集齊全，「總計有 2500 篇，我全部都看了，然後開始寫，大概花了三千多個鐘頭。」施敏寫完書時，發現自己的肝開始有問題，還好當時他才 31 歲，靠著慢慢調養終於恢復健康。

「沒想到這本書寫出來，還蠻成功的。所以 12 年後，Wiley 出版社請我寫第二版。後來我到交大來，經過一段時間，又和同事伍國珏，寫了第三版。」

「五年以前，Wiley 出版社希望我再出第四版，我就找李義明教授商量，找他來合作。李教授大約花了三、四年時間，我認為寫得非常好。」施敏院士說，「第四版的內容比起第三版，大約改了 50%，而且裡面有習題可以練習，我認為這本書，是蠻好的參考資料。」

科學研究　增進人類幸福

2021 年 9 月施敏院士獲頒「未來科學大獎」（Future Science Prize Award）的「數學與電腦科學獎」，表彰他提出基礎性的金屬與半導體間載子傳輸理論，半世紀以來，引領全球半導體元件開發。

未來科學大獎堪稱「華人諾貝爾獎」，獎金高達百萬美元，2016 年由大陸多位企業家注

資成立基金會設立，每年頒發「數學與電腦科學獎」、「生命科學獎」與「物質科學獎」三個獎項，鼓勵年輕人投入科學研究。

施敏院士說：「他們相信重要的發明與發現，都在 25 ～ 45 歲之間，這我倒也很相信！」施敏指出，「愛因斯坦發表重要公式 $E=mc^2$（能量等於重量乘以光速平方）時 26 歲、貝爾發明電話 29 歲、愛迪生發明電燈 32 歲、我發現浮閘記憶體 31 歲、夏克立發明電晶體 37 歲，當然也有例外的，不過，許多最重要的發明，發明者的年齡大約都在 25 ～ 45 歲之間。」

他鼓勵學生：「發揮好奇心，在年輕時，盡量把數學、英文的底子打好，從事科學研究，提出創新構想，增進全人類的幸福。」

一路以來的貴人

生活簡樸的施敏院士，對於獲得「未來科學大獎」滿心感謝，心中湧現多位貴人。第一位，是施敏院士的母親。

施敏院士的母親 1933 年自清華大學外文系畢業，1965 年參加清大校友會時，遇見校友中央研究院院士任之恭，在他的引薦下，中央研究院院長吳大猷寫信給在美國的施敏，邀請他 1966 年 6 月返國參加由清大、台大、中央研究院合辦的「暑期講習班」，講授的題目是半導體元件物理學。

1968 年董浩雲先生支持交大設立講座，施敏院士接到交大校友會美國負責人之一王兆振（19730 ～ 1978 年擔任工研院首任董事長及院

施敏院士將「未來科學大獎」獎盃捐贈予國立陽明交通大學作為紀念典藏，由校長林奇宏代表接受

旺宏總經理盧志遠指出《Physics of Semiconductor Devices》第三版封面是旺宏開發製造的 NOR Flash，感謝施敏教授的指導，如今已在全球享有頂尖地位

長）的電話邀請，於是 1968 至 1969 年間，從貝爾實驗室請長假回國講學。

回國後，施敏院士在交大遇見熱心的朱蘭成教授，當時朱蘭成剛成功說服教育部，同意學校可以開始招收工學博士班，他並希望施敏院士可以指導博士生張俊彥。在施敏院士指導下，1970 年張俊彥拿到學位，成為我國第一位工學博士。

2022 年 7 月，國立陽明交通大學盛大舉行施敏院士著作《Physics of Semiconductor Devices》（半導體元件物理學）第四版暨中文版新書發表會

談到踏上半導體之路，時間要回到 1959 年，施敏院士當時到美國華盛頓大學留學，學校建議他在天線、微波、控制、半導體，四選一作為研究領域；從未聽過半導體的他，沒想到下樓時巧遇說著中文、自交大畢業的魏凌雲教授（1920～2003），於是就此跟著他研究半導體，可說是極大的幸運。

接著，施敏到史丹福大學攻讀博士，指導教授是 John Moll（1921～2011），並成了張忠謀及杜俊元的學長。畢業後，施敏院士拿到七個工作機會，雖然其中以貝爾實驗室的薪水最低，但 John Moll 教授認為最適合施敏院士。結果，施敏院士聽從老師的意見，加入貝爾實驗室後，果真如魚得水。

施敏院士很感謝他在貝爾實驗室的兩位長官 Bob Ryder 及 Bill Boyle，以及兩位重要的研究夥伴 C. R. Crowell 和姜大元（Dawon Kahng）。

Bob Ryder 是百分之百支持施敏院士的上司。施敏院士曾向貝爾實驗室五度請長假回國授課講學，其中四次都在他任內獲得批准；此外，施敏院士浮閘記憶體的重要發現，以及寫成重要著作《Physics of Semiconductor Devices》（半導體元件物理學），也都在 Bob Ryder 的部門完成。

Bill Boyle 則是偏心對待施敏院士，讓他當年感到委屈憤怒的長官。Bill Boyle 職位比 Bob Ryder 高，如今施敏院士覺得他也是自己的貴人。「當年要不是他，我也不會寫書。」施敏院士經常以這個例子，勉勵年輕人說，「塞翁失馬，焉知非福。」

「我和 C. R. Crowell 合作寫了十幾篇重要的研究論文，後來都給張俊彥做博士論文的參考資料，那些文章都是最基礎的理論」，施敏院士指導張俊彥提出金屬與半導體間的電荷流動理論和傳輸模式，使得晶片產業能夠依照「摩爾定律」持續擴展。他表示「這回得到未來科學大獎，就是因為這方面的研究。」

1967 年，施敏和姜大元發現「浮閘記憶體效應」，並發表了第一篇關於非揮發性記憶體的論文。施敏和姜大元的這項研究成果，催生了各種非揮發性記憶體，以輕巧省電、關掉電源後記憶體內容不會消失的特性，廣泛應用於

《Physics of Semiconductor Devices》（半導體元件物理學）第四版共同作者李義明教授（前排右一）是施敏教授的愛徒。2010 年，國立交通大學、國家奈米元件實驗室（NDL）和日本東北大學（Tohoku University）於日本仙台舉辦奈米元件技術研討會，照片中還有施敏教授指導的第一位博士生，交通大學故校長張俊彥（前排右四）（提供：李義明教授）

人類生活中各種強調行動性、省電、智慧化的電子產品，從手機、遊戲機，到電腦等，一路蔓延開來，開啟了數位時代。

全新的第七章：非揮發性記憶體元件

施敏院士教授於 1967 年研究發現了浮閘記憶體（Floating Gate Memory）效應，引領非揮發性記憶體的蓬勃發展，開啟了數位時代，可說是人類史上第四次工業革命。影響所及涵蓋全人類的生活，從手機、電腦、遊戲機、伺服器、AI 人工智慧、汽車、家電、機器人、工業應用，到衛星通訊，應用無所不在。

第四版新書的第七章，「非揮發性記憶體元件」（Non-Volatile Memory Devices），是全新的章節。李義明說，在施敏教授指導下，以及旺宏總經理盧志遠的大力協助，「第七章的內容，不僅有施老師發現的記憶體原理，也有目前最新的記憶體技術。」

「盧總會把旺宏的技術團隊找到辦公室，親自主持會議，為我介紹最新的技術，然後我再將資料整理彙整，同時也把旺宏的資料，作為參考文獻納入書中。」

旺宏電子專注開發非揮發性記憶體，並以自有品牌行銷全球，董事長吳敏求及總經理盧志遠也親自出席施敏院士的新書發表會。盧志遠說，當年自己出國讀書相當刻苦，行囊只能帶二本書，其中一本就是施敏院士第一版的半導體元件物理學。

盧志遠介紹，第二版封面照片是「全世界第一個電晶體（transistor）！」這個經典的發明，如今收藏在美國的博物館中，是美國的國寶；「第三版的封面，是旺宏當年研發製造的 NOR Flash，」盧志遠接著感謝施敏院士給予的指導，如今旺宏的 NOR Flash 已在全球享有頂尖地位。

盧志遠說，「施教授高我一輩」，施敏院士的父親施家福是礦業大師，盧志遠的父親盧善棟也是礦業界的重要人物，「我們的父親都告訴我們，臺灣的地下看來沒有礦藏，所以要好好開發人礦，把技術掌握在手中。」

施敏院士在新書發表會上強調，「李義明博士對這本新書的貢獻很大，如果沒有他，這本書就無法順利誕生。」

名師出高徒

在施敏院士的指導下，李義明研究量子元件與新元件的物理基礎及數學模型，2001 年拿到交大電子博士學位。李義明博士現任國立陽明交通大學電機系專任教授，以及日本東北大學合聘教授。李義明回想當年在交大電子所請施敏院士擔任指導教授的心情，「施教授答應我很高興，但也誠惶誠恐，覺得必須要表現得比別人更好，才不會愧對他收我當學生。」

「跟施老師唸書的時候，我很自律、自我期許很高。施老師只改過我一次論文，他幫我改的手稿，我現在都還珍藏保留著。」「施老師是比較自由派的學者，我們國立陽明交通大學的副研發長劉伯村，他是我學長。」李義明表示：「施老師指導我們，會給一個方向，給很大的自由，但只要他說，他準備要退休了，我們就會很緊張。」

李義明兩度拿到斐陶斐獎；畢業後進入國家奈米元件實驗室（National Nano Device Laboratories, NDL），致力於半導體模擬的研究，隨後他獲得潘文淵獎的考察研究獎助金。

2003 年李義明投入 5 奈米元件電晶體結構的關鍵模擬技術開發，並與台積電展開產學合作。同年年底，台積電領先全球發表世界第一顆 5 奈米電晶體；次年 6 月，李義明與台積電產學合作的研究論文也在國際 VLSI 技術大會上發表。

迄今，李義明協助科學區培訓次微米半導體製程與元件模擬人才超過 600 人、發表超過 100 場以上之專題演講、主持超過 50 個產學合作案。他表示，台灣很多代工業，除了要會做、還要能夠做得好、做得巧，追求最佳化才能有利潤。自己的初衷是希望「用數學來解業界的問題，為臺灣產業做一點事情。」目前他指導學生，利用 AI 及機器學習，投入半導體技術的數學模式、電腦模擬以及最佳化的技術研究。

參考文獻 150 萬篇　千中選一

2017 年寒假，李義明正在日本指導博士學生，接到恩師施敏從美國打來電話，邀他一起寫《Physics of Semiconductor Devices》（半導體元件物理學）第四版。

「老師找我，是我的榮幸。」「當時老師還說，你的名字要放上書裡面喔，你考慮看看，我明天再打電話給你！」就這樣，2017 年歲末決定要寫這本新書，接下來 2018、2019、2020 三年時間就積極地蒐集資料。

施敏院士指出，《Physics of Semiconductor Devices》（半導體元件物理學）剛出第一版時，全球研究半導體的相關論文，每年約有 100 篇左右；第二版時，每年約有 3,000 篇；第三版時，每年約有 8,000 篇；來到第四版時，每年約有 50,000 篇。所以，多年累計起來，第四版新書蒐集的半導體相關論文，已多達 150 萬篇。

「整整三年，我看了很多論文，」李義明每天早上六點半到辦公室，開始閱讀論文，長年擔任 IEEE 論文審查委員的他，挑選論文的速度很快。「從 150 萬篇篩選到七、八千篇，接著再從中挑出 1500 篇，分散在書中的十四個章節，平均每個章節都有超過 100 篇參考文獻。」李義明以一句話形容第四版新書，「兼具半導體元件物理的基礎理論，同時也涵蓋了最新的半導體技術發展。」算起來，李義明從 150 萬篇論文中，篩選出 1500 篇，作為書中參考文獻，可說是千中選一。

施敏院士的《Physics of Semiconductor Devices》（半導體元件物理學）截至 2023 年 6 月，累計被引用數已超過 65,000 次，影響力之深遠，稱冠全球。

Wa-People

創新永續
竹科 42 週年
產值再創新高

文：王麗娟　圖：古榮豐、李慧臻

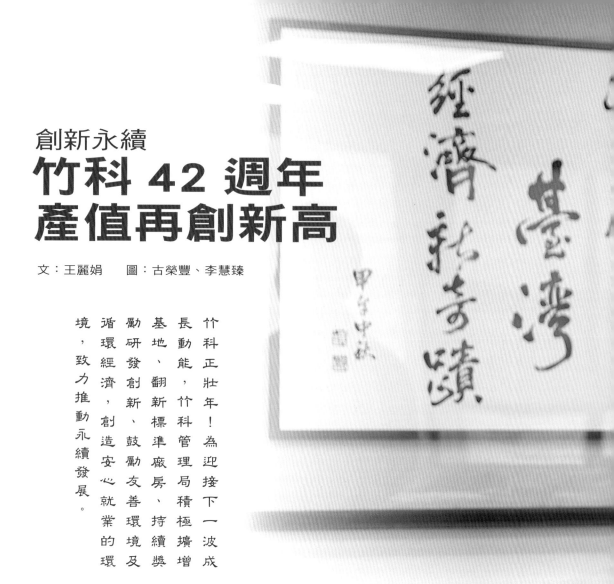

竹科正壯年！為迎接下一波成長動能，竹科管理局積極擴增基地、翻新標準廠房、持續獎勵研發創新、鼓勵友善環境及循環經濟，創造安心就業的環境，致力推動永續發展。

無懼大環境挑戰
竹科產值突破 1.6 兆

　　「以創新為動力，以永續為核心」為主軸，竹科管理局 2022 年 12 月 15 日舉行 42 週年園慶大會。國科會副主委陳宗權、竹科管理局局長王永壯、園區公會理事長李金恭、新竹市副市長李世珍、新竹縣縣長楊文科、宣捷集團創辦人宣明智董事長、園區公會副理事長蔡國洲、立法委員鄭正鈐、園區公會秘書長張致遠、南科管理局副局長李信昌、中科管理局副局長許正宗，與數百名竹科廠商代表，齊聚歡慶。

　　竹科管理局局長王永壯感謝園區產業先進與園區夥伴，是臺灣經濟發展轉型的重要推手，

他期許全球知名的新竹科學園區能夠在大家攜手合作下，續創佳績。

　　王永壯指出，2022 年產業雖然面臨大環境許多挑戰，但竹科的產值仍再成長創新高，達新台幣 1.61 兆元。

積極擴建，迎接躍升成長

　　「看他把手機號碼印在名片上，我就知道他是一位肯為大家做事的局長，」一位竹科企業家回想多年前拿到王永壯的名片時這樣說。

　　2016 年夏天，王永壯接任竹科管理局局長，當時很多人都認為竹科已經很成熟了，地都滿了，更有很多人認為，接任的局長應該很輕鬆，

新竹科學園區管理局局長王永壯

什麼都不用做了。多年下來，與擔任中科管理局局長的五年時間相比，王永壯說，「我們做了蠻多事情，其實竹科的工作比中科累。」

為了增加廠商進駐用地，王永壯率竹科管理局團隊，在充分掌握土地的建蔽率及容積率後，提出了十年計劃，分三階段實施，將舊廠房更新打掉重建、增加結構強度，並興建地下三層，解決停車問題。

新廠房完工後，除了可讓原本位於舊廠房的廠商移居進駐，還可以多出五倍的容納量，原來 5.3 萬平方米的舊廠區，樓地板面積增為 36 萬平方米。如此一來，「如果竹科廠商覺得現有空間不夠用，可以向管理局提出申請，還可以再擴大。」

王永壯細數園區擴建及廠房建設進度，透過寶山一期、寶山二期擴增基地、竹科第三、四、五期標準廠房更新、竹科「X 基地」軟體園區，以及竹科「宜蘭科學園區」與竹科「龍潭科學園區」的新廠房及擴建計畫，充分展現竹科迎接下一波大幅成長動能的企圖與決心。

隨著竹科寶山一期已提供廠商建廠，寶山二期台積電 2 奈米製程用地，第一標工程於 2022 年 8 月 6 日開工；另外，規劃作為軟體園區的竹科「X 基地」，也已在 2022 年 2 月動土，計畫將於 2024 年第二季提供廠商進駐。

王永壯表示，竹科「X 基地」目前已經有 17 家公司審請進駐，申請面積已超出目前第一棟大樓總面積的兩倍。基於廠商需求旺盛，因

竹科 42 週年園慶，國科會副主委陳宗權（中）、竹科管理局局長王永壯（左5）、園區公會理事長李金恭（右5）、新竹市副市長李世珍（右4）、新竹縣縣長楊文科（左4）、宣捷集團創辦人宣明智董事長（左3）、園區公會副理事長蔡國洲（右3）、立法委員鄭正鈐（右2）、園區公會秘書長張致遠（右1）、南科管理局副局長李信昌（左2）、中科管理局副局長許正宗（左1）齊聚歡慶

竹科擴增基地　迎接未來成長

擴增基地	公托幼兒園	X 基地	竹科新三期
寶山一期 廠商進駐建廠中 ——— 寶山二期 整地建廠中	篤行非營利幼兒園 2022 年 8 月招生 已有 10 班，學生 272 名 ——— X 基地非營利幼兒園 籌備中	第一棟 2022 年 2 月動土 2024 年第二季提供進駐 ——— 第二、三棟 2024 年第二季動土	舊建築翻新 2022 年 11 月動土 2025 年第四季 提供廠商進駐

新竹生醫園區 第三生技大樓	「宜蘭科學園區」 第二期廠房	「龍潭科學園區」 第三期擴建
2023 年 12 月底完成 50 個單位提供進駐	已提供廠商進駐	將徵收 160 公頃、工業用地約 80 公頃 先導計畫已呈報行政院 2023 年 10 月將送籌設計畫 計畫 2026 年中提供廠商進駐

資料來源：竹科管理局
整理製表：產業人物 Wa-People

此第二棟與第三棟大樓，已開始啟動設計，計畫將於 2024 年第二季動土。

　　針對竹科園區內老舊建築翻新，竹科管理局已推動園區新三期建設，2022 年 11 月工程已動土開工，可望逐步更新廠房，提供更大的空間給廠商使用。另外，竹科「宜蘭科學園區」第二標準廠房，也已提供給廠商進駐。

　　針對竹科轄下最新的園區基地，迎接台積電 1 奈米計畫所需用地的竹科「龍潭科學園區」第三期擴建案，王永壯表示，先導計畫已呈報行政院，土地徵收專案委託給桃園市政府，計畫徵收用地 160 公頃，其中含工業用地約 80 公頃，籌設計畫將於 2023 年 10 月呈送，希望可以在 2026 年中提供廠商進駐。

衝刺生醫、產業聚落成型

　　位於竹北的新竹生醫園區，「第三棟生技大樓，可望於 2023 年 12 月底完成。」王永壯

竹科管理局局長王永壯（中）率領團隊無懼大環境挑戰，持續支持產業成長。左起，企劃組組長劉啟玲、環安組組長陳麗珠、建管組組長蔡文火、副局長陳淑珠、營建組組長曾信忠、副局長胡世民、工商組組長蔡錦郎、主任秘書游靜秋、企劃組副研究員彭文祺、投資組組長李淑美

竹科 2022 產值 1.61 兆

竹科創立	1980.12.15
廠商家數	**617** 家（2023.06）
從業人員	**175,966 人**（2023.06）（年增 5%）
六大園區	新竹園區、竹南園區、龍潭園區 新竹生醫園區、銅鑼園區、宜蘭園區
總面積	**1,466.83 公頃**
產值創新高	2022　新台幣 **1.61** 兆元 2021　新台幣 **1.58** 兆元 2020　新台幣 **1.24** 兆元 2019　新台幣 **1.09** 兆元

資料來源：竹科管理局
整理製表：產業人物 Wa-People

表示，這棟大樓地下三層、地上十一層，耗資近新台幣 31 億元，設有 100 坪、200 坪、300 坪三種空間，共設計出 50 個單位，將提供廠商

申請進駐。

在政策推動、廠商技術創新，以及投資動能挹注下，近年申請進駐竹科的生醫公司十分踴躍。2022 年竹科生醫產業的產值已達 180 億元，家數快速成長到 147 家，相較於竹科進駐企業總數 617 家，比重達 23.8%，僅次於半導體類。

2011 年，新竹生醫園區第一棟標準廠房落成啟用後，是一個很重要的分水嶺，此後，進駐廠商家數快速跳升到兩位數；對於新藥開發，也從原來的小分子藥或學名藥，多了許多開發大分子蛋白質藥的廠商。此外，包括細胞治療、再生細胞、幹細胞等新興醫療，以及基因相關醫學的產品及服務，也開始有很多廠商進駐。

2021 年，政府將施行屆滿的「生技新藥產業發展條例」再延長 10 年，新推出的「生技醫藥產業發展條例」將適用範圍進一步擴大，同時涵蓋多項投資抵減及租稅優惠。此外，政府並積極鼓勵生醫資通訊（BioICT）跨領域創新，並以補助臨床研究、獎勵精準健康，持續支持生醫產業的發展。竹科許多知名企業，包括漢民科技、瑞昱半導體、中強光電、久元科技，也積極投資生醫領域。

2022 年底，在全球知名的德國 MEDICA 國際醫療器材展上，竹科管理局組團率領 9 家廠商，包括博鑫醫電、群曜醫電、奈捷生技、世延生醫、能資國際、笙特科技、倍利科技、旺北科技與利優生醫，以「精準健康、智慧醫療」為主軸設立專區參展，這是受疫情影響三年後，首次以實體方式組團前往設展，並將竹科生醫

竹科管理局副局長陳淑珠（前排中），2022年底率領9家廠商參加德國MEDICA國際醫療器材展（提供：金屬中心）

聚落的創新產品、技術與服務，展現於世界舞台上。

強化產業鏈、國際大廠投資竹科

針對竹科產值最高的半導體產業，竹科管理局也致力於產業鏈的強化與完整，並成功吸引多家供應鏈的國際大廠，包括美商英諾帆、日商三化電子材料，以及德商休斯微，在竹科挹注重要投資。

2018年2月，以金屬薄膜用材料獨步全球的日本化學材料大廠Tri chemical株式會社，子公司三化電子材料公司於竹科「銅鑼園區」設立新廠，加速銅鑼園區成為半導體材料的供應專區。

2019年8月，德國半導體黃光設備大廠休斯微（SUSS MicroTec）獲准進駐竹科，緊接著該公司的新生產基地於2020年12月正式啟用，成為休斯微在亞洲的第一座生產製造中心。

活力蓬勃、新創育成

為了培育青年創業，竹科管理局分別在竹科及宜蘭園區設有「竹青庭」及「蘭青庭」，創新氛圍相當熱絡。其中，全台灣第一家飛秒雷射源的製造商，米雷迪恩科技（mRadian）掌握自有雷射源技術，2016年創業時的基地，就在竹青庭的創業空間。

2023年6月，一年一度的國際電腦展Computex上，竹科管理局率領9家「蘭青庭」的新創公司，參加「InnoVEX 2023」展會，藉以提升這些新創公司的曝光度，並促進行銷推廣及擴展商機。

國科會的「創新創業激勵計畫（FITI）」也催生了多家潛力十足的新創公司。其中，台灣第一家電子顯微鏡研發製造商台灣電鏡儀器（TEMIC），就是獲得FITI的支持，在進駐竹科後，與產業展開密切連結，並開創更具競爭力與實用性的產品及服務。

此外，交大育成中心在新竹科學園區內設有據點，工研院在竹北的生醫園區設有醫療器材育成中心，都是培育新創企業的重要推手。

讓年輕人嚮往竹科

「讓年輕人嚮往竹科的工作，」王永壯說，為了讓人才能夠安心地在竹科工作，必須了解他們在食衣住行育樂等方面的需求，特別在子女就學、餐廳、運動、停車、住宿等問題，必須替他們及其家人設想。

2022年8月，設於新竹園區內的篤行非營

自 2017 年引進 YouBike 以來，竹科 2023 年 6 月又引進電動的 YouBike 2.0E，竹科管理局局長王永壯（中）、微笑單車董事長劉麗珠（右），及園區同業公會秘書長張致遠（左）出席啟用記者會（提供：竹科管理局）

竹科獎勵創新研發

2022「優良廠商創新產品獎」

鈺創科技	瑞昱半導體
群創光電	鋐創顯示科技
友達光電	元太科技
均豪精密	葡萄王生技

2022「研發成效獎」

國璽幹細胞
鈺創科技

資料來源：竹科管理局
整理製表：產業人物 Wa-People

利幼兒園開始招生，頂級的教材、優良的師資、下課後還可以延長托育時間，吸引許多人踴躍報名，目前已招收 10 班、共 272 位學生，還有很多人都排在備取名單中。王永壯表示，未來也將於竹科 X 基地設立非營利幼兒園，希望能讓家長安心工作，打拼事業。

在住宿方面，竹科管理局目前正展開舊宿舍整修改建，並計畫興建一棟新的宿舍；王永壯表示，「交通問題，是最複雜的，」為了有效改善交通，竹科管理局將與縣市政府一起討論與合作。

「我們希望打造讓企業可以成長、人才得以發揮的環境，年輕人進入竹科工作之後，能為自己帶來成就感，進而推動園區持續成長。」

創新永續、成就共榮

為獎勵創新及永續，竹科 42 週年園慶大會上，特別頒發年度「優良廠商創新產品獎」及「研發成效獎」。包括鈺創科技、瑞昱半導體、群創光電、鋐創顯示科技、友達光電、元太科技、均豪精密及葡萄王生技等八家「優良廠商創新產品獎」得主，以及獲得「研發成效獎」的國璽幹細胞及鈺創，每家公司各獲頒獎金新台幣 40 萬元。

此外，竹科也頒發「廢棄物減量及循環經濟績優企業獎」給台積電、聯電、力積電、旺宏及群創等五家公司，肯定他們是環境保護與永續經營的標竿企業。

王永壯經常對竹科管理局的同仁們說，「如果能滿足別人的需求，你就會有成就感。」舉例而言，當廠商急著擴廠需要用地，透過竹科管理局的團隊努力，幫助他們達成目標，解除了他們的苦惱與壓力，滿足了他們的需求，那麼，就會覺得蠻有成就感。

針對全球環境保護的公約，2050 年達到淨零碳排的目標，王永壯說，這對園區產業而言，的確是很大的挑戰。他強調，竹科管理局團隊會盡最大努力協助廠商，並期勉大家攜手合作，在既有的基礎下持續創新，尋找成長的機會跟發展，朝向科學園區多元、優質、低耗能的理想邁進。

Wa-People

加碼投資、穿越低谷

迎接全球
電動車成長爆發期

文：王麗娟、何乃蕙　圖：古榮豐

累積三十多年的努力，和大工業已成為
臺灣第一大精密齒輪暨汽車傳動系統製
造廠。三年疫情期間，和大持續擴充產
能、全球佈局、強化體質、投資 AI 智能
生產，準備迎接電動車的龐大商機。

　　汽車傳動系統製造廠和大工業（HOTA）面對過去三年疫情，不但沒有裁員，而且還積極加碼投資新廠、擴充產能，準備迎接全球電動車的大浪潮！短短幾年間，和大已在嘉義大埔美園區打造出全國最大的汽車零配件 AI 智能生產基地。和大集團董事長沈國榮說，這些投資「百分之九十都是為了電動車客戶的需求」。

汽車產業循環軌跡

　　投身全球汽車市場多年的沈國榮指出，產業景氣從谷底回升需要相當長的時間。回顧2009年，汽車產業因金融海嘯嚴重受創，歷經

兩、三年後，才在 2011、2012 年開始顯露好轉跡象，2014、2015 年慢慢恢復過來，直到2018 年才終於百業興盛，前景一片大好。

　　以和大為例，受金融海嘯衝擊，2008 年 10月到隔年 6 月業績一路向下，每月出貨只剩七、八千萬元；直到 2009 年 7 月，業績才開始好轉，重回每月出貨二億多元的水準。然而，在景氣低谷的 2009 年，也是全球汽車市場出現大變革的一年，電動車及新能源車紛紛在這年上市，和大以多年磨練出來的汽車傳動系統的專業技術，獲得特斯拉肯定，並從 2010 年底開始供貨，業績也隨之年年高升。

　　十年時間，和大營收從 2009 年低谷 14.05

和大工業集團董事長沈國榮看好電動車大趨勢

億元,一路躍升到 2018 年的 72 億元,創三十年新高。這期間,除了大環境景氣回溫,還有一個重要因素,就是和大在低谷時強化體質、整軍經武,把自己準備好,迎接新客戶,以及電動車的新商機!

齒輪、汽車傳動:臺灣第一

累積超過 55 年經驗,和大已是臺灣最大、亞洲排名第二、三名的齒輪製造廠,每年生產的汽車傳動系統及部件超過 2000 萬件,不但在全球汽車供應商居領先排名,而且客戶滿意度高達 98%。

和大目前有三個生產基地,台中大里廠區設置最早,1966 年即設立,中科廠 2003 年建立,隨著台中地價日趨昂貴,沈國榮自 2003 年起就陸續在嘉義大埔美購入土地,至今已購地 4 萬 8 千坪(約 16 公頃)。

隨著和大的嘉義大埔美一廠、二廠於 2015 年、2017 年啟動後,產能日漸滿載,2019 年 7 月,嘉義三廠動土興建。2020 年 3 月下旬,全球汽車廠受到新冠肺炎疫情衝擊,約有九成封廠,工人無法上班,和大非但不裁員、不減薪,同時間仍積極部署新產能,建設的腳步並沒有停下來。

疫情期間,沈國榮於 2020 年 5 月 15 日主

和大工業集團董事長沈國榮、總經理陳俊智與高階主管對未來充滿信心

和 大 集 團

公司	產品	應變策略
和大工業 HOTA	精密齒輪 汽車傳動系統 機車傳動系統	2019、2020 受衝擊、業績負成長 不裁員、增添產能、AI 智能生產 2021 營收回暖 2022 營收 73.39 億元，創新高 2023 嘉義五廠投產、美國選址設廠 挑戰百億營收
高鋒工業 KAFO	工具機	2019、2020、2021，業績受挫 研發新設備、改良鍛造、改善製程 2022 營收回升，每股獲利 0.46 元 2023 機械展：訂單 5 億多元
華豐輪胎 DURO	輪胎	強化二輪胎策略奏效 2019、2020、2021 持續獲利 2022 營收 54.14 億元，每股獲利 1.05 元 高階腳踏車胎需求上揚

資料來源：和大工業集團

整理製表：產業人物 Wa-People

持嘉義三廠新建廠房暨宿舍大樓的上樑典禮，進一步供應歐系、美系、亞系等電動車廠的產能需求。去（2022）年 6 月，和大舉行大埔美五廠動土典禮，並於今年 2 月舉行上樑儀式，計畫於第三季完成設備安裝，第四季正式投產，挹注未來電動皮卡、電動洲際卡車及自駕配送車隊等營運成長動能。

加速全球化、美國設廠！

2023 年元月，沈國榮飛到美國拜訪客戶，這是疫情以來久違的親自會晤。他表示，美國政府以政策推動製造業由過去的國際採購

歷練近 20 年，沈國榮的愛女沈千慈 2020 年 9 月升任和大執行長，進入接班梯隊

和大工業（HOTA）生產基地

基地	建置時間
台中大里	1966：最早的廠區
中科	2003
嘉義大埔美	全國最大汽車零配件 AI 智能生產基地（16 公頃）
嘉義一廠 →	2015
嘉義二廠 →	2017
嘉義三廠 →	2019 年 7 月 19 日：動土 2020 年 5 月 15 日：上樑
嘉義五廠 →	2022 年 6 月 30 日：動土 2023 年 2 月 20 日：上樑 Q3 設備安裝、Q4 投產
美國廠	2023 年啟動專案評估、決定廠址 兩年內啟動第一期投產

資料來源：和大工業集團
整理製表：產業人物 Wa-People

（global purchasing），轉變成國內優先採購，強調在地化（localization）。

沈國榮表示，和大有 60% 的市場在美國，「如果和大在美國設廠，可以就近供應美國、南美洲、墨西哥，以及巴西的客戶。」幾個月後，2023 年中，沈國榮又再親赴美國考察設廠選址，預計半年內決定廠址，並於二年內啟動第一期投產。

2020 年電動車佔全世界汽車銷售總量的 3%，市場預估，2025 年將增至 15%。沈國榮認為，「2028 年左右，電動車跟燃油車將呈現黃金交叉，屆時電動車的年產量可望勝過燃油車。」他指出，「美國四大車廠，歐洲的福斯、雙 B、保時捷都會逐漸推出電動車，甚至更多新創公司也都會推出電動車。」

沈國榮說，燃油車公司有很多是和大合作多年的老客戶，當他們推出電動車，依然會是和大的客戶。和大原來的電動車客戶，由於產能擴增，會分散訂單到其他供應商；但相對地，和大擴大生產線，也會獲得其他新進的電動車客戶，以及原來的燃油車客戶改推電動車的訂單。

和大美國設廠後，「慢慢地從 1 條產線擴展到 30 條產線，可能要經過 10 年的時間，我們在美國也設立了完整的供應鏈，如此全球布局，慢慢地去接近客戶，掌握我們的市場。」沈國榮表示，美國產能開出後，「臺灣的產能可以開始供應到亞洲、歐洲跟非洲的市場。」

和大已在嘉義大埔美園區打造出全國最大的汽車零配件 AI 智能生產基地

電動車是未來的車種，「2030 年北半球將有 8 成以上的移動載具電動化」，但沈國榮認為，燃油車也不會就此消失，因為電動車的發展牽涉電力等基礎建設，所以燃油車必然會慢慢地往南半球這些基礎設施比較不足的地方發展，和大也會跟著去。沈國榮自信說道，「燃油車也好，電動車也好，南半球、北半球也好，我們會有很多的客戶。」

臺灣投入 AI 智能生產的重要時刻

「自動化生產線」與「AI 智能化生產線」的區別為何？沈國榮說，前者以機器人在產線上下料進行加工，並沒有蒐集任何數據。而 AI 智能化生產強調必須記錄每道工作流程的數據及參數，透過虛擬實境平台、機聯網、物聯網、雲端管理，篩選並將有價值的大數據進行系統化，加上以機器學習累積 AI 人工智慧，達到提升品質及生產效率的目標。

「後疫情時代是臺灣投入 AI 智能生產線的重要時刻」，沈國榮強調，唯有往自動化、智慧化、人工智慧物聯網（AIoT）連線升級的路走，才能適應未來可能缺工的隱憂。他認為，隨著中國供應鏈往東南亞移動，未來五、六年，頂多十年，移工逐漸能在自己的家鄉找到工作，來臺灣的人數將大為減少。

近幾年和大積極投入智慧機械設計與製造，成果已逐漸顯現。沈國榮指出，導入自適應控制與監控（ACM）人工智能系統，可使機台加工效能提升 15-30%，並延長刀具使用壽命，有助提升製造技術競爭力。沈國榮強調，「這些都是我們自己創新研發出來的。」原本在集團內部執行自動化的團隊，如今也獨立衍生成立新創公司聚大智能科技，服務產業及協力廠商。

如今，和大已在嘉義大埔美園區打造出全國最大的汽車零配件 AI 智能生產基地。沈國榮強調，「軟體對 AI 智能化很重要」但對機械加工業來說，卻是特別困難的挑戰。如今和大已經克服重重難關，位於嘉義大埔美的廠區已全是 AI 智能化生產線，不但人力需求大為降低，而且生產效率驚人。

迎接百億營收　和大準備好了！

沈國榮年少時曾任新光集團創辦人吳火獅的秘書，他從吳火獅身上學到何時應做保守的估算，何時又該做大膽的決定，更培養出經營企業的全盤思維與大格局。

執掌和大集團三十多年來，沈國榮累積無數寶貴經驗，讓他帶領和大集團從容面對三年疫情、俄烏戰爭和通膨所帶來的一連串考驗。透過調整體質、自我鍛鍊、加速轉型，如今和大集團整體戰力比疫情前更為強大。

沈國榮認為 2023 年，是「一個憂喜參半、既疑慮害怕，又讓人期待的一年。」他認為汽車行業的景氣，第 3 季可望落底，第 4 季可能會看到春江水暖，看到鴨子。2024 至 2027 年，將是全球電動車的成長爆發期。面對越來越熱的電動車市場，以及年營收百億元的目標，和大已經準備好了！　*Wa-People*

改造組織、重塑文化
她的秘密武器：三大原則

文：編輯部　圖：NEC 提供

NEC 台灣董事總經理賴佳怡，於 NEC 台灣卓越中心 2.0 記者會上，偕同各事業群主管共同發表 NEC One ID 的最新應用，為政府、金融、零售、製造等跨領域企業，開啟更多元、更廣泛的價值創新潛能（2022.1201）

要一個人做出改變，難！要一個歷史悠久的日商企業做出改變，更是難上加難！而她卻在短短幾年間，達成 NEC 台灣分公司的組織改造與企業文化重塑任務。

2018 年元旦，NEC 宣布該公司於台灣 1982 年創立以來，首位女性總經理賴佳怡上任。日商向來給人保守的印象，這項人事任命讓業界眼睛一亮，同時認知到，這是 NEC 致力推動集團轉型及發展新商業模式的重要時機。

由於賴佳怡曾歷任台灣美商 Oracle、IBM 與 DELL、德商 SAP 等公司的高階經理、副總經理和總經理，讓她得以藉其服務多家外商的絕佳經驗和適應力，以及身為台灣人的韌性，融合美商的目標導向精神、德商的法規治理與邏輯分析要求，以及日商不輕易撤退、改變目標的戰士精神，以新的領導思維，達成 NEC 台灣分公司的組織改造與企業文化重塑任務。

賴佳怡在兩年內，將原先從一般員工到總經理中間的七個層級縮減為四層的扁平組織，

並以三大核心原則，（1）當責文化，為自己的行為、決定負責；（2）目標導向，對自己所承諾以及被賦予的目標抱著百分百達成的態度；（3）敏捷團隊，任何事都有時間軸，並以科學數據、邏輯分析做出決策，逐步完成改進，引領 NEC 台灣全體同仁朝向共同目標，奮力前進。

COVID-19 疫情期間，她更能洞著機先，結合個人與時俱進、創新變革的特質，以及 NEC 公司藉由數位科技美化未來世界的永續願景，引進多元且領先業界的 NEC 數位解決方案，在台灣創建 NEC 卓越中心（Center of Excellence,

賴佳怡
NEC 台灣董事總經理

- 國立台灣大學管理學院碩士在職專班商學組碩士
- 曾任 SAP 台灣總經理與 Dell 台灣副總經理
- 榮獲淡江大學第 33 屆金鷹獎傑出校友（2019）
- 帶領 NEC 團隊獲得經濟部電子資訊國際夥伴績優廠商獎項（IPO Awards）策略亮點夥伴獎（2020）

CoE），致力展示的創新方案，整合 NEC 生物辨識、數位政府、智慧零售、數位金融等各項先進技術的最新應用方案，並提供以信任為後盾的技術。

Wa-People

學用接軌零落差
培養傑出人才
挑學生最看重一件事

文：王麗娟　　圖：古榮豐

透過業界出題、學界解題的合作模式，張鼎張教授指導的半導體奈米元件＆薄膜電晶體平面顯示器實驗室（SEMICONDUCTOR NANO DEVICE & TFT DISPLAY LAB），培養許多學用零落差的優秀人才。

　　國立中山大學物理系講座教授張鼎張，為國際半導體電子元件領域之頂尖學者，他在「非揮發記憶體」與「薄膜電晶體」領域的貢獻，獲頒電機電子工程師學會最高榮譽的會士（IEEE Fellow）殊榮。

　　經濟部肯定張鼎張的傑出研究與產業貢獻，特別頒發第四屆國家「產業創新獎」；此外，張鼎張亦獲得科技部「傑出研究獎」，以及「有庠科技講座」。

　　2022 年底，張鼎張獲潘文淵文教基金會頒發「研究傑出獎」，表彰他長期致力於開發各式前瞻半導體元件，並以元件物理機制做為學術基礎，有效釐清新世代電子元件的瓶頸與複雜問題，推動半導體產業創新進步。其中原

創性的發明及機制釐清更是受到國際專家肯定與矚目，總體研發成果豐碩，發表超過 600 篇 SCI 國際期刊，特別是在電子元件頂尖國際期刊 IEEE Electron Device Letters，每年發表數量均領先全球，名列世界前茅。

善比喻　半導體很好懂

　　張鼎張指導的學生，研究成績傑出，不但屢屢贏得國內外大獎及獎學金肯定，而且很多還沒畢業就已獲得企業延攬。目前張鼎張指導的博士生約 30 位，2022 畢業的 7 位博士生，已經全數被台積電研發部門聘任。

　　被問到指導學生的秘訣，張鼎張表示，「我就是用生活比喻的方式在教，我的任務就是，

國立中山大學物理系講座教授張鼎張

要負責把學生教得跟我一樣。」

張鼎張以水龍頭、石門水庫，分別承受著大小不同的水流與水壓為例，來幫助大家了解為什麼來到第三代半導體，當功率元件面臨大電流、大電壓時，「必須找比較耐壓、比較絕緣的材料，從矽變成碳化矽（SiC）跟氮化鎵（GaN），薄薄的，就可以耐很高的電壓。」他指出，第三代半導體換了材料後，具備三大優勢，包括打開時電流很大、關閉時可以耐得住高電壓，而且可以快速切換開關。張鼎張教授善用生活化的比喻來描述艱深的元件物理，讓學生讚嘆艱深的物理知識可以變得如此簡單易懂，也因此激發學生的興趣，之後遇到問題也都能以物理直覺來解決。

2022 年，台積電董事長劉德音以台灣半導體產業協會（TSIA）理事長身分，頒發「2022 TSIA 半導體獎」給具博士學位之新進研究人員陳柏勳。頒獎典禮上，劉德音特別提到，陳柏勳幾年前還在讀博士時，也拿過「2017 TSIA 半導體獎」，可說是難得的雙料冠軍得主。

陳柏勳除了獲得台灣半導體獎以外，更曾獲得世界級半導體獎 IEEE EDS Ph.D. Student Fellowship。而來自於海軍官校留職攻讀博士的他，也非常感謝當時在博士研究期間張鼎張教授的指導。陳柏勳的經歷與成就也為實驗室學弟妹建立了一個很好的範本，後面的學弟妹紛紛獲得各大半導體獎項；在張鼎張提供良好的教學與研究環境，更讓學生能在半導體領域中大放異彩。

2023 年張鼎張教授所帶領的博士班學生共 30 餘位，完成技術創新累增、交接無斷層，為台灣培育優質的博士班研究人才

獨創技術　產學合作

　　張鼎張很早就投入矽鍺磊晶（SiGe）的研究，1994 年自國立交通大學電子研究所獲得博士學位後，在國家奈米元件實驗室（NDL）任職五年，當時就與半導體業界開始密切合作。包括前瞻電晶體與記憶體元件以及顯示器元件，多年來，張鼎張致力於先進半導體元件的研究，除了多次領導奈米國家型科技計畫外，張鼎張教授與各大公司持續維持良好的合作關係，透過產學合作計畫來了解業界當前待解問題，並由業界出題、學界解答的方式進行研究，使學生的研究所長符合業界的需求，創造學生就業機會，達到培育無學用落差之人才培育宗旨。

研究起點，就是世界頂點

　　曾有學生在感謝恩師張鼎張時，說「謝謝老師讓我的研究起點，就是世界的頂點。」張鼎張表示，這些年來，感謝國科會的經費對實

學習交流、生活細節、到提攜傳承，張鼎張教授為學生打造優異的研究環境，進入產業完全無縫接軌

驗室的支持；另一方面，也要感謝產學合作的公司（台積電、聯電、友達、群創、世界先進等）提供題目、樣品與工作機會，因此讓學生能在就學期間解決業界目前待解決的問題，並持續將研究成果累積成知識，達到技術創新累增的良好效益。

　　2017 到 2023 年，連續七年，張鼎張的博士生們，連續獲得「TSIA 半導體獎」，並於 2017、2019、2021 年獲得 IEEE EDS Student Fellowship，於美國舊金山 IEDM 年度大會頒獎，獲得 IEEE 國際電子領域學門中的最高榮譽。歷年來張鼎張已培育了 90 多位博士、200

培育學生四大核心能力　從世界頂點出發

張鼎張

國立中山大學物理系講座教授
國立中山大學半導體及重點科技研究學院合聘教授
國立清華大學半導體學院合聘教授

學歷：
國立交通大學電子研究所博士
國立臺灣大學物理所碩士
國立臺灣師範大學學士

研究領域：
元件物理與半導體製程、記憶體與電晶體元件
薄膜電晶體元件、氮化鎵（GaN）元件、碳化矽（SiC）元件

研究開始：1989 年 ~ 至今

培育學生四大核心能力：
製程技術、材料分析、電性量測、計算模擬

產學合作：
台積電、聯電、友達、群創、世界先進

資料來源：國立中山大學
整理製表：產業人物 Wa-People

多位碩士。他表示自己特別欣慰的是，學生畢業後，可以毫無學用落差，無縫接軌順利進入產業服務。

2022 年 5 月，國立中山大學對外宣布，張鼎張獨創「超臨界流體低溫缺陷鈍化技術」，師生團隊成立奈盾科技（Naidun-tech）公司，助攻半導體新技術突破良率瓶頸，讓元件性能與可靠度大幅提升，獲得科技部價創計畫補助，更吸引日本第一大半導體設備商東京威力科創（TEL）與友達光電投資。

張鼎張強調，他所帶領的研究團隊除了專注半導體的可靠度量測外，更重視學生解決問題的能力以及團隊合作精神的培養，因此，張鼎張教授所指導的學生，擁有極佳的研究能力與競爭力，畢業後可直接應用在相關科技產業與學術界，解決目前台灣面臨博士「畢業即失業」的高教危機問題。在各大學院博士生研究人才逐漸流失的同時，張鼎張教授的研究團隊博士班人數仍能逆勢成長。於 2023 年博士班學生共 30 餘位，達到技術創新累增、交接無斷層，為台灣培育優質的博士班研究人才。

打造好環境　強調團隊合作

想申請加入張鼎張的實驗室，會被要求先交一篇自傳，因為張鼎張說，「人格特質好最重要，其他的我可以教。」除了培養學生「製程技術、材料分析、電性量測、計算模擬」等四大核心知識外，張鼎張也強調自學能力很重要。他重視團隊合作，要求學長姊有責任把學弟妹帶起來。暑假期間，張教授會密集幫新生上課，並由博士班協助訓練新生實驗技能，讓新生在暑假就能獲得足夠的知識與技能，因此，大部分的大學部專題生在大學時期就有能力以第一作者發表國際期刊論文。

除了努力不懈的研究、並培養學生實力外，張鼎張也經常受邀至各大公司授課，特別是台積電。他的授課足跡遍及竹科、中科、南科等 11 個廠區，他透過講授生動有趣的半導體元件物理，優化並提升研發與技術人員的觀念及能量。

從量測分析半導體元件特性的設備、低溫量測平台、高功率元件量測系統，到高解析及快速元件量測系統，凡是參觀過張鼎張主持的實驗室，莫不對於先進、齊全的自動化量測設備、優異的研究環境，以及井然有序的管理，感到讚嘆。也因如此，張鼎張才能持續將研究能量跟上業界。如今實驗室擁有全台灣最完善的量測設備與資源，也是經過了 20 年的不斷累積。未來必須努力，繼續為產業做出貢獻。

Wa-People

全世界第一批投入研究
3D IC 異質整合
協助半導體產業升級

文：王麗娟　　圖：古榮豐

陳冠能教授指導的三維積體電路實驗室（3DIC Lab），合作業者橫跨 IC 製造、IC 設計、IC 封裝、電子零組件業、材料與設備商，是全世界少數能夠開發製作 3D IC 與異質整合連續製程的學術單位。

獲世界肯定的前瞻技術

國立陽明交通大學電子研究所講座教授陳冠能，是美國國家發明家學院院士，2022 年底，他獲頒潘文淵文教基金會「研究傑出獎」，表彰他深耕前瞻技術研發，在三維積體電路（3D IC）領域累計發表超過 365 篇專業期刊論文及相關著作，廣受國內外學術界與產業界肯定。

陳冠能研究發表的 3D IC 與異質整合之「低溫銅接合技術與快速銅異質接合技術」，成功地在接近室溫完成晶圓接合，以及在攝氏 120 度的大氣環境下短時間完成晶片接合，創下全球最低溫的銅異質接合技術，並且通過多項可靠度測試。

陳冠能的研究成果，已與多間公司進行產學合作與技術授權，其傑出發明及創新成就，對社會具有重大影響性。

早在 2000 年 7 月，陳冠能在美國麻省理工學院（MIT）開始攻讀博士學位，就已開始投入三維積體電路（3D IC）研究，並與 Intel、IBM 等公司展開合作，是全世界第一批投入該領域的技術團隊。

多年來陳冠能持續發表的國際技術論文獨特創新，讓他大受國際矚目。2018 年元月，年紀輕輕才 43 歲的他，就以在 3D IC 與先進封裝的卓越貢獻，獲得國際權威的電機電子工程師學會會士（IEEE Fellow）的殊榮，如今已是全世界三維積體電路（3D IC）首屈一指的學者。

國立陽明交通大學電子研究所講座教授陳冠能

秒懂 3D IC

　　陳冠能除指導三維積體電路實驗室（3DIC Lab）的研究與產學合作計畫之外，同時擔任國科會微電子學門召集人、工研院電光所合聘研發組長，以及日本東京工業大學創新研究院特任教授。加上他曾任美國 IBM 華生研究中心研究員、陽明交通大學國際長與國際半導體學院副院長，因此對跨國、跨領域的合作及人才培養，也做出卓越貢獻。

　　何謂三維積體電路（3D IC）？陳冠能說，如果把電晶體或半導體元件，當成是房子，摩爾定律就是在一片土地上，想辦法把平房蓋得越密越好，而「3D IC 則是開始蓋高樓大廈。」

　　「基本上，平房（電晶體）裡面的擺設不變動，但我們試著把另外一間辦公室從隔壁搬到樓上。關鍵在於，往上蓋的時候，房子既要蓋得高，而且要蓋得直；樓上樓下要有電梯連通，而且需要新的水泥將上下層黏合，所以也需要很多新的材料。」

　　這種往上堆疊的作法，可以先把多片晶圓（Wafer）直接堆疊之後，再切割成堆疊好的 3D IC，也可以將已切割好的單顆 IC，一顆一顆往上疊。因此，實施的單位可以是晶圓廠，也可以是封裝廠。

　　「3D IC 堆疊，可以根據不同的應用，例如把發光元件跟半導體元件疊在一起；過去各自獨立的邏輯元件跟記憶體元件，也可以疊在一起。」「此外，也可以在不同的材料，例如矽晶圓、載板或玻璃面板上進行 3D IC 堆疊。」

陳冠能教授與恩師美國麻省理工學院（MIT）前校長暨台積電獨立董事拉斐爾·萊夫（L. Rafael Reif）（照片提供：陳冠能教授）

創新源於基礎物理知識

3D IC 的技術創新，讓很多人驚嘆。而 3D IC 若要能成功堆疊，必須克服相當多的挑戰。除了半導體製程外，還需掌握新材料、散熱與應力等知識，從物理、材料，到機械，進行跨領域的合作。

陳冠能以實驗室團隊 3D IC 與異質整合之「低溫銅接合技術與快速銅異質接合技術」為例，首要任務必須確保「堆疊後的晶圓或晶片，上下兩側的元件與電路都能夠成功連接。」

「堆疊前後，也透過晶圓薄化技術，將晶圓或晶片厚度減薄與表面磨平。」接著，「一根一根銅柱或銅墊彷彿電梯，它是導通的地方，堆疊時，要確保表面具有奈米等級的平坦度，然後才能把兩個電梯精準連接在一起。」在介電層接合部分，陳冠能團隊除了持續研究二氧化矽接合外，也開發軟 Q 的高分子材料，期待可以克服上下層接合表面不平時，產生縫隙的

困擾。

其次，陳冠能將接合製程的溫度，從好幾百度的高溫，降低到一百度甚至接近室溫的溫度，如此一來，可讓高製程溫度帶來的高製程費用與良率及可靠度等風險，大為降低。

「晶圓或晶片接合時，溫度越低所產生的應力越低」，陳冠能表示，最核心、必須掌握的是基礎的物理知識。目前應用於產品的接合與退火製程溫度都在攝氏四百度到三百五十度；如今，為了更先進的 3D IC，「我們透過很多表面處理、化學、物理等方面做考慮，終於將溫度降低到一百度以下。」

產學合作　紅海變藍海

2009 年自美國回台灣後，陳冠能基於將前瞻的 3D IC 技術貢獻國內的想法，積極與國內外產業合作，從關鍵技術的開發到產品製作，合作對象從積體電路、封裝、載板、面板、材料、設備，到光電業者，不但橫跨不同領域，而且貫穿上下游。他表示，「能夠協助產業從紅海變成藍海，是很有成就感的一件事。」

「產學合作很重要的是，要聆聽業界的想法與需求，同時，也要讓業界了解我們的技術與我們能做什麼。當業界與學界都有高度意願與共識下，產學合作就能順利推展與成功。」

陳冠能強調，「3D IC 技術算是破壞性創新，具有點火的概念，讓很多領域都可以有切入點。譬如三五族的元件與電路可以把矽的元件與電路搬來疊在一起；做生物晶片的專家學者可能也未曾想像，原來利用 3D IC 技術，可以把很多產品或系統變得很小。」

陳冠能在美國 MIT 攻讀博士時，以及畢業後在 IBM 華生研究中心（Thomas J. Watson Research Center）任職期間，歷練過產、學合作的雙方角色，所以，他非常理解身為學界，以

陳冠能教授主持的 3DIC Lab 是一個美式教學的實驗室，他總是鼓勵學生大膽說出夢想或提出任何形式的創新

研究 3D IC 展開國際產學合作

陳冠能

現任：
國立陽明交通大學電子研究所講座教授
國科會微電子學門召集人
工研院電光所合聘研發組長
日本東京工業大學創新研究院特任教授
台灣人工智慧晶片聯盟（AITA）異質 AI 晶片整合 SIG 副主席
台灣電子材料與元件協會（EDMA）理事

學歷：
美國麻省理工學院（MIT）電機工程與資訊科學博士、材料科學與工程碩士

研究領域： 三維積體電路、異質整合與先進封裝技術

研究開始： 2000 年 7 月 - 至今

國際合作：
美國 MIT、IBM、美國柏克萊大學、美國加州大學洛杉磯分校（UCLA）、日本東京工業大學、新加坡南洋理工大學

產學合作：
工研院電光所、日月光、台積電、欣興、群創、光洋科、台灣晶技、台虹、南亞、IBM、美商布魯爾、勤友光電、日本長瀨、美商應用材料

資料來源：國立陽明交通大學
整理製表：產業人物 Wa-People

及身為產業界，對產學合作的不同期待。

一方面，陳冠能會避免和相同領域互相競爭的業者同時合作；另一方面，對於研究成果產生的專利跟智財 IP，陳冠能會提供給企業，樂見企業進行專利布局並發揚光大。

感謝恩師貴人提攜

對於一路提攜自己的恩師，陳冠能特別感謝清華大學前校長陳力俊，以及美國麻省理工學院（MIT）前校長暨台積電獨立董事拉斐爾 · 萊夫（L. Rafael Reif）。

陳冠能笑著說，剛到 MIT 時，指導教授萊夫給了三個題目讓他選，但卻強烈暗示他應該選 3D IC。後來陳冠能才知道，原因是萊夫教授知道他在電子顯微鏡專家，清大前校長陳力俊門下，受到很好的訓練，相當適合投入 3D IC 的研究。

擔任 MIT 校長達十年（2012~2022）的拉斐爾 · 萊夫，於卸下校長職務前，2021 年獲聘為台積電獨立董事。陳冠能說，「萊夫教授十分開明，他引導學生做研究，也很關心學生的生活起居，深深影響著我如今對待學生的態度。」

「我會問學生，你想來我們實驗室獲得什麼？你的期望是什麼？是要出國？念博士班？還是要去業界？」陳冠能強調，這是一個很重要的一個互信，「學生誠實告訴我，我才有辦法為你做最好的安排。」

對學生的培養，「我們很重視學長學弟的關係，以及跨領域合作。」陳冠能表示，由於產學合作的單位很多，經常每一、兩個月就要開會，而且出席開會的大都是重要主管，在這樣的訓練下，陳冠能期許每一位博士生，畢業時已經能夠成為業界的領導人才，同時也是一位好的合作夥伴。

Wa-People

深耕產業半世紀
臺灣之光　國人驕傲

文：王麗娟　　圖：李慧臻、蔡鴻謀

工研院 50 歲生日快樂！工研院扮演產業的創新引擎，帶動一波波產業發展，協助臺灣從科技的追隨者到創新者，如今躋身國際級研發機構，具國際影響力。

工研院於 2023 年 7 月 5 日舉辦 50 周年院慶，總統蔡英文、總統府秘書長林佳龍、經濟部部長王美花皆肯定工研院以科技創新帶領臺灣產業轉型升級，為臺灣經濟與產業發展做出重要貢獻。

走過半世紀，工研院一步一腳印，在政府的支持，以及歷任董事長及院長的帶領下，工研院扮演產業的創新引擎，帶動一波波產業發展，協助臺灣從科技的追隨者到創新者，在每個產業轉型發展的轉捩點，都有工研院的角色與貢獻。

深耕產業、創新未來

工研院躋身為國際級研發機構，名列全球百大創新機構，面對下個 50 年的挑戰，工研院擘畫「2035 技術策略與藍圖」，聚焦智慧生活、健康樂活、永續環境、韌性社會四大應用領域，超前部署臺灣產業的未來，提升產業及國家的競爭力，幫助臺灣產業打世界盃，邁向永續創新的未來。

總統蔡英文特別參觀「深耕產業，創新未來」特展，對於工研院科技的創新表達支持，並見到相關技術已陸續投入產業應用、達成豐碩成果表達正面肯定。像是全球首創的「我視 AI 魚缸」，不僅實際互動了解應用，更說這項技術「很有用、很有意義」。此技術今年勇奪「消費性電子展創新獎（CES 2023 Innovation Awards）」，更被頂尖科技媒體 Interesting Engineering 報導為 5 大創新科技之一，已與國立海洋科技博物館合作。此外，總統也參觀「工研院史料文物館」的揭幕儀式，對於工研院一路走來對產業發展的貢獻給予肯定。

總統蔡英文致詞時表示，「半世紀以來工

工研院舉辦 50 周年院慶，蔡英文總統在生日祝福樹前啟動 50 周年動畫影片，左起為總統府副秘書長張惇涵、民進黨團總召柯建銘、經濟部部長王美花、總統府秘書長林佳龍、總統蔡英文、工研院董事長李世光、總統府資政林信義、行政院政務委員暨國科會主委吳政忠、行政院政務委員暨國發會主委龔明鑫、工研院院長劉文雄

研院從無到有，帶領臺灣從勞力密集的產業結構，轉變為技術導向的高科技大國，奠定臺灣半導體產業的發展基石，其他還有資通訊、光電顯示、碳纖維腳踏車等，許多臺灣在世界上締造第一、取得領先地位的產品，最初都是來自於工研院的投入。」50 年前工研院在動盪的局勢中誕生，50 年後工研院已經是世界級的應用科技研發機構，也幫助臺灣成為全球供應鏈不可或缺的關鍵力量。

國際榮耀 臺灣之光

總統蔡英文肯定工研院一路走來，獲得許多國際榮耀，是臺灣之光，也是國人驕傲，這一切要歸功於先進們一棒接一棒的努力，要特別感謝工研院歷屆董事長與院長，扮演產業發展總舵手，為國家培養科技人才，帶領產業升級轉型蓬勃發展，也感謝每位院士對產業及國

家的重要貢獻。

走過半世紀，工研院累積許多創新成果，包括 7 度名列「全球百大創新機構」，連續 15 年榮獲 50 項「全球百大科技研發獎（R&D 100 Awards）」，連續 7 年榮獲 12 個「愛迪生獎」，連續 6 年榮獲 10 個 CES 創新獎等，這些國際獲獎榮耀顯示，工研院的創新技術不但已投入產業，帶動產業與社會效益，工研院已成為國際級的研發機構，具有國際影響力。

50 周年院慶 三大特點

50 周年院慶有三大特點，包括：第一，來自各方祝福，歷任董事長、院長、院友及產業貴賓上百人「回娘家」，包含台積電創辦人張忠謀、總統府資政林信義等，以及美英日駐臺代表、捷克科學院、日本產業技術綜合研究所（AIST）、德國弗勞恩霍夫爾協會（Fraunhofer）

工研院 2023 年 7 月 5 日歡慶 50 歲生日,邀請府院貴賓共同參觀創新技術。前排左起為經濟部技術處處長邱求慧、總統府副秘書長張惇涵、民進黨團總召柯建銘、經濟部部長王美花、總統府秘書長林佳龍、總統蔡英文、工研院董事長李世光、總統府資政林信義、行政院政務委員暨國科會主委吳政忠、行政院政務委員暨國發會主委龔明鑫、工研院院長劉文雄。後排左起為工研院生醫所所長莊曜宇、工研院資通所所長丁邦安、工研院服科中心執行長鄭仁傑、工研院材化所所長李宗銘、工研院綠能所所長王漢英、工研院電光系統所所長張世杰、工研院機械所所長饒達仁、工研院行銷長林佳蓉

工研院深耕產業半世紀,再創 50 高峰,50 周年院慶典禮邀請歷屆董事長、院長「回娘家」,送上熱情祝福。前排左起為新竹市市長高虹安、經濟部部長王美花、行政院政務委員暨國發會主委龔明鑫、總統府副秘書長張惇涵、總統府秘書長林佳龍、總統蔡英文、工研院董事長李世光、總統府資政林信義、台積電創辦人張忠謀、工研院院士史欽泰、行政院政務委員暨國科會主委吳政忠、新竹縣縣長楊文科。後排左起為經濟部工業局局長連錦漳、數位部數位產業署署長呂正華、經濟部技術處處長邱求慧、日本台灣交流協會台北事務所副代表服部崇、英國在台辦事處代表鄧元翰、美國在台協會臺北辦事處處長孫曉雅、民進黨團總召柯建銘、國民黨立委謝衣鳳、國民黨立委林思銘、國民黨立委鄭正鈐、工研院院長劉文雄

等全球頂尖研發機構祝賀工研院。

第二,完整文物收藏,國內近 50 年來最完整的臺灣科技產業發展史料文物館正式揭牌,收藏 7 大產業領域、逾百件珍貴研發成果,如 1976 年臺灣第一顆自行設計的商用積體電路、1983 年臺灣第一具工業機器人 ITRI-E、1996 年全球第一片 2L 軟性印刷電路板等;特別的是史欽泰院士捐贈赴美 RCA 受訓時期的史料、盧志遠院士捐贈微米製程技術發展全程計畫文物、林垂宙前院長捐贈推動制度及府院報告史料、陳式千前協理捐贈工研院 1992 年參與聯合國永續高峰會報告書。

第三,創新科技慶生,展示臺灣最大的小間距 MiniLED 曲面顯示器打造出的「生日祝福樹」,典禮中更展出全球首創「即時高擬真 3D 互動系統」,不用戴特殊眼鏡,就創造出立體的 3D 視覺效果。

2035 技術策略與藍圖

如今工研院擘劃「2035 技術策略與藍圖」作為發展重點,包括智慧生活、健康樂活、永續環境及韌性社會四大面向。

長照議題方面,工研院整合資通訊技術應用在長者照顧,也和國家衛生研究院合作建立健康風險評估模型。因應生成式 AI(Generative AI)帶給產業的影響,工研院今年也組成跨領域策略小組,探討 AI 人工智慧產業應用與法規。每個時代有不同挑戰,在時代轉變的關鍵點,工研院都能扮演很重要的關鍵角色,期許工研

工研院 50 周年院慶典禮上，蔡英文總統逐一頒發 12 位工研院歷任董事長、院長「創新傳承 成就產業」榮耀獎盃。左起為第十任董事長張進福、第九任董事長及第五任院長史欽泰、第七任董事長翁政義、第六與第八任董事長林信義、第五任董事長孫震、第三任董事長及第三任院長張忠謀、總統蔡英文、工研院第十二任董事長吳政忠、現任董事長李世光、第六任院長李鍾熙、第七任院長徐爵民、第八任院長劉仲明、現任院長劉文雄

工研院 2023 年第 7 度獲得「全球百大創新機構獎」，左起為科睿唯安顧問邱明峻、工研院行銷長林佳蓉、工研院法務長王鵬瑜、工研院院長劉文雄、科睿唯安全球智權策略長 Vasheharan Kanesarajah、科睿唯安智慧財產權事業部業務總監崔佳萱、科睿唯安政府與學術事務部業務總監鄭則謙

院能持續走在時代尖端，幫助臺灣掌握先機，強化國際競爭力，讓臺灣之光繼續閃耀世界。

工研院董事長李世光表示，50 年前工研院率先投入積體電路的發展，帶動半導體、資通訊、材料與化工、機械、生醫、綠能等新興產業發展，締造輝煌成果，並為產業培育出一代又一代的科技人才擴散能量，可以說在每個不同年代的技術發展歷程中，都有工研院的投入與貢獻。「我們特別將這些重要的史料及文物收集，建置史料文物館，並在今天揭幕，希望

能對臺灣產業發展留下重要的紀錄，藉此激勵工研人堅持使命、創新傳承，持續帶動產業發展，創造經濟與社會的價值。」

為超前部署臺灣產業的未來發展，工研院院長劉文雄表示，過去 50 年，工研院在產業轉型發展扮演重要角色與貢獻；面對未來，我們更要幫助產業從技術創新走向價值創新。為更聚焦市場導向的研發，工研院擘畫「2035 技術策略與藍圖」為解決方案，投入智慧生活、健康樂活、永續環境、韌性社會四大應用領域的發展，並大力推動淨零轉型、數位轉型，為產業儲備淨零時代的競爭力，成為產業最重要的夥伴，為臺灣的未來鋪路。同時長期深耕經營美國、英國、日本、歐洲等創新夥伴關係，鏈結全球重點國家或區域之科技合作平台，以科技深化臺灣是國際可信任夥伴，攜手產業進軍國際市場，壯大臺灣科技研發實力。

Wa-People

經濟部技術處處長邱求慧

業餘考古學家　喜歡登山的處長

公暇喜歡登山的經濟部技術處處長邱求慧，台中大里人，任公職逾 30 年，獲頒 111 年度傑出公務人員獎，經常在臉書分享許多山林歷史故事及風景的他，融合歷史故事、文青筆觸，以及人文關懷，吸引許多忠實粉絲。2022 年 6 月，在出版社邀請下，邱求慧的著作「一山一故事：科技人的歷史旅記」出版發行，帶領更多人神遊。

「登山，對鍛鍊體力很有幫助，」邱求慧說，他過去喜歡激烈的競技運動，直到六年前，因手術感染、重度使用抗生素後，終日感覺乏力，卻找不出具體原因；後來，在一位中醫師建議下，他開始試著爬山。慢慢地，邱求慧不但找回強健體魄，同時也實現了年少時的「歷史夢」。邱求慧自嘲是「業餘考古學家」，每回登山，總會找文獻詳加研究山林歷史，甚至還經常發現許多以訛傳訛的誤謬。

「TREE 計畫」鼓勵法人團隊創業

2020 年 10 月，邱求慧從科技部回到經濟部擔任技術處處長。說是「回到」經濟部，是因為邱求慧任職經濟部多年，歷任工業局主任祕書、永續發展組、產業政策組、金屬機電組的組長，以及電子資訊組、知識服務組的副組長等職務，是經濟部長官有心栽培的優秀人才。

邱求慧指出，臺灣人才的「創新能力」領先世界，但創新能力產業化還是落後。分析過去十年，各法人機構技術移轉的金額，每年都穩定地微幅成長；他認為，必須重新審視法規，

扶植新創放眼國際
要做讓明天不一樣的事！

文：王麗娟　圖：古榮豐、李慧臻

經濟部支持下，工研院近 50 年前從無到有，打造出臺灣半導體產業。為了將臺灣的創新能力產業化，經濟部技術處從法規機制、資金籌募，到國際鏈結，將新創團隊推上世界舞台，期待再創產業奇蹟。

並設計出誘因作為引導，才能激勵新創團隊大膽選題投入研發，並勇於創業，進而驅動臺灣未來新興產業崛起，有效促進經濟發展。

經濟部技術處的「科專事業化生態系建置計畫」（簡稱 TREE 計畫），就在這個目標下推出。邱求慧強調，「TREE 計畫」推動法人創新創業，就像是臺灣法人機構新創團隊的航空母艦。

2021 年，27 家法人新創團隊參加「TREE 計畫」的第一屆創業競賽，最終有 13 支團隊勝出獲獎。對於這些獲勝隊伍，經濟部技術處將進一步挹注資源，給予一對一的國際業師深度輔導、海外移地訓練、參加國際消費性電子展（CES），除了開發市場外，也協助成功募資。2023 年 6 月，「TREE 計畫」率領 21 家團隊參加 InnoVEX 新創展，總募資金額已達新臺幣 30

億元。

喜愛歷史的邱求慧，也針對法人機構的新創團隊，過去在創業過程中遭逢的挑戰與痛點，做了深入研究，並於 2021 年推動「新創專章」，為臺灣的科研翻開新頁；2022 年 1 月 25 日，經濟部科學技術研究發展成果歸屬及運用辦法新修正條文正式公告後，「新創專章」正式出爐。邱求慧期許，在法規環境改善後，未來法人新創團隊的創業之路，可以更容易成功。

改善法規環境、誘因引導

經濟部技術處規劃執行「法人、學界、業界」的科技專案，2022 年經費新台幣 181.9 億元，支持補助七大法人等二十多個研究機構，目標在於研發具有產業應用潛力的前瞻技術，

2023 年經濟部國家產業創新獎頒獎典禮，邱求慧邀請新竹縣嘉興國小暨義興分校合唱團上台表演，得知他們出國比賽的旅費不足，還親自為他們募款。2023 年 5 月，小朋友給「處長叔叔」寄來巨型謝卡，讓他相當開心

促進新興產業發展，以及產業升級轉型。

七大法人機構，包括今年適逢 50 周年慶的工研院、生技中心、車輛中心、金屬中心、食品所、紡織所，及船舶中心；此外，還有各地產業創新研發聚落，每年研發成果表現亮眼。以 2021 年為例，「法人與學界科技專案」的技術移轉與委託服務共 4,792 案，技轉金收入新台幣 30.8 億元，促成廠商投資 545 億元；另外，「業界科技專案」促成廠商投資 97.7 億元，創造產值 601.1 億元。

「有人說，臺灣半導體產業的奇蹟，不可能重演，但我不這麼認為。」邱求慧表示，只要能夠重新喚起當年發展半導體產業的精神，把環境鋪設好，法人機構有了誘因，就可能研發出破壞式創新，再創產業奇蹟！

談起推動「新創專章」的動機及心路歷程，邱求慧說，「好比登山一樣，如果沒有先做訓練、也沒有要爬山的心情與準備，你不可能好好出發。」他強調，如果沒有法規給出誘因，原本任職於法人機構，有如在公家機關上班的年輕人，誰會願意出去創業呢？「政府要做的，就是為新創團隊把環境準備好，把路鋪好，」邱求慧強調，希望在政府的支持下，各新創團隊未來蛻變成新興領域事業的領導型企業，推升臺灣下一波的產業發展。

挺你走出「創業死亡幽谷」

「新創專章」最重要的精神在於，支持年輕人及新創團隊走出「創業的死亡幽谷」，同時，也鼓勵法人機構「將眼光放遠，一起看長久的發展。」邱求慧的想法與規劃，獲得經濟部長王美花及次長們的認同。

「我們要勇於投資年輕人，」邱求慧強調，對於從研發機構出來創業的團隊，政府要給予適當的支持，並在法規上鬆綁，讓他們有創造更大本夢比的可能性。

法人機構的年度關鍵績效指標（KPI）也改變了。今後技轉金可以是現金，也可以是股票。「這項改變，創造了新的遊戲規則。」一旦新創團隊發展得好，股票市值上漲，法人機構的 KPI 也會同步推升；其次，邱求慧特別撥出一部分預算，以支持科研新創的最後一哩路。

「如何支持新創團隊成功？」邱求慧不斷思考。邱求慧於科技部產學及園區業務司司長任內取得工業局的認同，提議並將「產創條例」

做了修訂。從此,拿著技術股的新創團隊,可以等到未來賣股票時才繳稅。這項「技術股緩課稅」條款,也因此被稱為「不必賣房子繳稅」條款。為了確保新創團隊創業後,在營運與產品定位上,不會因為引進新資金,而被奪走話語權,「新創專章」還特別規定,技術股的比重可拉高到80%。

「募資對新創團隊是極大的挑戰,」經濟部技術處的「前瞻技術創業投資計畫」,鼓勵法人創投與新創事業共同提出申請。「如果法人創投投資60%,那麼政府就補助40%。」

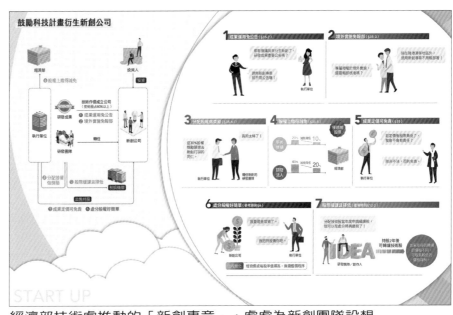

經濟部技術處推動的「新創專章」,處處為新創團隊設想

裝備新創團隊
站上世界舞台

邱求慧表示,臺灣需要「多一點創業成功的案例,以及容許失敗再起的社會氛圍」,讓年輕人對創業心生嚮往、願意冒險。他說,有機會也會帶新創團對到矽谷去看一看,成功創業家的生活條件,刺激一下臺灣的年輕人 Dream Big,勇於逐夢。

對於新創團隊而言,「國際觀真的太重要了!」邱求慧指出,臺灣新創團隊踏上國際舞台,最常被問到的問題是,「你的科技,能夠解決別人的什麼問題?」「你知道這個技術,也有其他國家的團隊在做嗎?和他們相較,你厲害之處在哪裡?」「能夠放眼國際,看到需求,就會知道該如何展開國際專利的布局。」

「TREE 計畫」就像是臺灣法人機構新創團隊的航空母艦

邱求慧並嚴格要求新創團隊,要做好英文簡報,「歡迎全世界都可以投資臺灣!」

在 TREE 計畫支持下,由工研院與資策會團隊合作,開發 5G 核心網路,主打國際市場的「泰雅科技」已獲創投公司投資新台幣 2 億元,寫下重要里程碑。邱求慧充滿信心表示,「新台幣 2 億元的募資還不算很多,我希望到 2023 年底,可以衝到一億美元。」

邱求慧期許自己「要做會讓明天不一樣的事」,他堅信只要能夠重新喚起當年發展半導體產業的精神,投資年輕人,就有可能培養出下世代的護國神山,再創產業奇蹟!

Wa-People

全國第一個
工研院院友會
凝聚力量　促長期發展

文：王麗娟　　圖：古榮豐、蔡鴻謀

一日工研人，終身工研人。
工研院院友會是全國第一個由內政部同意
立案，類似校友會的社團法人組織。逾
20 年來，從凝聚向心力、增進交流，到
促進工研院長期發展，這股力量，彷彿一
對隱形的翅膀。

工研院：國家之寶

2023 年 4 月，一年一度的國際半導體盛事，「VLSI 國際研討會」於新竹盛大舉行，實體加線上的參加人數創歷史新高，突破一千人次。

「臺灣為什麼半導體產業這麼成功？」如今全世界都這樣提問。潘文淵文教基金會董事長暨工研院前院長史欽泰，1983 年擔任工研院電子研究所副所長時，擘劃並開始舉辦「VLSI 國際研討會」，他帶領工研院團隊，滿懷熱忱、努力地把這個技術交流平台搭建起來，這就是答案之一。

「舉辦 VLSI 國際研討會，有如為臺灣產業打造一個與國際接軌的技術交流平台，如果沒有這個平台，國際專家不會來到臺灣！」史欽泰說，一個國際級的研討會，能夠持續舉辦 40 年，「工研院是一個穩定的力量，行政支援能力非常強，工研院的貢獻，功不可沒！」

「回顧臺灣半導體產業的發展，就可以知道，很多事情不是十幾、二十年的功夫，是不可能成功的。」史欽泰說，早期大陸剛開放時，大家到臺灣參觀，就是要看科學園區和工研院，如今，國際外交活動到訪臺灣，也都說要看工研院。包括「R&D 100」、「全球百大創新」等獎項的肯定，工研院受到世界關注，會讓人家好奇，為什麼台灣這樣小的地方，可以做到這些事情。

「在代表臺灣、代表我們國家，在國際擁有能見度上，工研院一直都做得很不錯，這個

中華民國企業經理協進會理事長暨工研院院友會秘書長羅達賢

能見度很重要。當然,工研院值得投資、值得支持,讓他能夠做更多事情。」

談到工研院的貢獻,史欽泰表示,除了產、官、學、研,以及工研院在職員工六千多人的貢獻外,離開工研院的二萬七千多位「工研院院友們」持續在各領域深耕與努力,對台灣的經濟發展有著重大貢獻。

院友會成立緣起

工研院 50 周年前夕,中華民國企業經理協進會理事長暨工研院院友會秘書長羅達賢正在統計院友們的熱心捐款,並回憶起當年籌設「工研院院友會」的過程。

2002 年 12 月 28 日「工研院院友會」成立,由胡定華擔任理事長,羅達賢擔任秘書長。工研院院友會的籌備委員包括谷家恆(副院長)、林敏雄(副院長)、陳民瞻(協理)、林耕華(所長)、徐佳銘(所長)、吳秉天(所長)等院友。從提出申請開始,時任工研院院長辦公室主任的羅達賢,到政府部門做了無數次的說明。

「當時工研院董事長翁政義,是主張成立院友會的關鍵人物,」羅達賢說。翁政義於 2001 年 3 月接任工研院董事長,上任不久,就是工研院 28 周年院慶。曾任成功大學校長的翁政義,深知凝聚校友向心力的珍貴,於是,院慶之後有一天,工研院院長史欽泰就找來羅達賢說,董事長準備做幾件事 ...。

「其中一件就是要成立院友會,」羅達賢

說，籌設院友會的過程，相當具有挑戰性，他從經濟部到內政部，再從內政部到經濟部，經過多方、跨單位的溝通、說明，並特別在組織章程載明，「本會依法設立，非以營利為目的之社會團體，以推動工業技術研究院院友之合作、交流與聯誼，並促進工業技術研究院之長期發展為宗旨。」最後才終於達成任務，成立了全國第一個由內政部同意立案，類似校友會的組織 - 社團法人「工研院院友會」。

工研院的活字典

任職工研院 40 年的羅達賢，現在是工研院的特聘專家、中華民國企業經理協進會理事長、潘文淵文教基金會執行長，以及工研院院友會秘書長。羅達賢自交通大學電子系畢業後，先到美商臺灣德州儀器（TI）及港商冠臣電子任職，加入工研院後，先後取得美國南加州大學企業管理碩士，及交大第 屆科技管理研究所的博士學位，並於 2004 年獲頒交通大學傑出校友的榮譽。

在工研院，羅達賢從電子所的工程師一路做到市場組長，接著擔任電通所企推組長及營運總主持人、院部企劃處處長、政府業務聯繫室主任、院長辦公室主任，以及產業學院執行長等職位。

羅達賢負責過許多「非常任務」，做事展現工程師性格的他，總是儘量想辦法解決問題。與人相處上，他秉持忠恕之道、同理心及系統思考，因此廣獲長官與同仁的信任。許多人都

2002 年 3 月 5 日，在工研院董事長翁政義（前排中）及院長史欽泰（前排右四）號召下，工研院院友會發起人會議推選胡定華（前排左四）為院友會籌備會召集人，隨後被選為首屆理事長並聘請羅達賢（後排右八）擔任院友會秘書長

2022 年 12 月 3 日，工研院院友會慶祝 20 周年，左起為朋程科技創辦人暨工研院院士盧明光、工研院院友會名譽理事長許金榮、常務理事史欽泰院士、理事長吳炳昇、工研院董事長李世光、常務理事徐爵民、秘書長羅達賢

2023 年 7 月 5 日，在總統蔡英文見證下，工研院董事長李世光致贈感謝狀給院友會理事長吳炳昇，感謝院友捐款超過新台幣 1,350 萬元協助工研院建置史料文物館

工研院 50 周年慶這一天,工研院史料文物館在院友會贊助下開幕。右起:工研院院友會名譽理事長許金榮、秘書長羅達賢、理事長吳炳昇、工研院第五任董事長孫震、第七任董事長翁政義及第六任院長李鍾熙合影

說,羅達賢根本就是工研院的活字典;他認識的工研院長官、同仁及院友,更在驚人之數。

建置史料文物館　捐款逾 1,350 萬

2023 年 7 月 5 日,工研院 50 周年院慶這天,新設立的史料文物館舉行揭牌儀式。在總統蔡英文見證下,工研院董事長李世光致贈感謝狀給院友會理事長吳炳昇,感謝院友捐款超過新台幣 1,350 萬元協助工研院建置史料文物館。

羅達賢說,「非常感謝院友們大力支持院友會協助工研院建置『工研院史料文物館』,讓工研院把 50 年來的重要文物,以及故事有系統地保存下來,同時也見證院友們參與工研院發展的歷史榮光與貢獻。」

歷年來院友會舉辦研討會、院友回娘家及旅遊等活動凝聚向心力,並建立交流平台促進投資合作;院友會也會提名推薦傑出院友,並獲得各種獎項肯定,如奇景光電董事長吳炳昇獲中華民國企業經理協進會第 40 屆「國家傑出總經理獎」;帆宣系統科技董事長高新明獲第 7

屆「國家傑出執行長獎」;欣銓科技總經理張季明獲新竹市企經會「傑出總經理獎」;盧志遠、許金榮、蔡明介、李世光及林育業等獲得中華民國科技管理學會的院士。

2022 年底,工研院院友會成立 20 周年,在疫情逐漸平息之際,終於可以實體舉行的會員大會,由理事長吳炳昇主持,會中特別邀請中華企業研究院董事長盧明光發表專題演講。

盧明光是朋程科技創辦人暨工研院院士,他以「贈人玫瑰,手留一抹遺香」為題,分享如何以公益之心,推動幸福企業來照顧兒童及教育的歷程。羅達賢微笑表示,盧明光演講結束後,直接把演講費加碼,捐出一百萬元給院友會,支持「工研院史料文物館」。

傑出院友　貢獻經濟發展

工研院培育了許多優秀的工業技術人才,統計至 2023 年 2 月,工研院院友人數為 27,348 人,擴散在各領域的產業,投入產業的比例高達 80% 以上,其中以電子與半導體(24%)、資訊與通訊(19%)以及材化(17%)的比例最高,合計約 60%。

熱心服務的羅達賢說,「工研院幫產業界,是利他的精神。」人生以服務為目的,助人為快樂之本,核心精神也是「利他」。他強調,加入工研院就是終身工研人,工研院院友會是工研院離職員工很好的交流平台與社團,歡迎院友一起為母院的長期發展來努力。

羅達賢表示,如今工研院院友會人數已超過 3,600 人。工研院院友深耕各種創新科技,造就護國神山群,除了半導體、光電材料、太陽光電、固態電容、鋰電池、雲端服務等衍生新公司外,院友們也積極參與並協助傳統產業升級,對台灣的經濟發展做出重要貢獻。

Wa-People

碳費即將開徵
善用淨零科技
兼顧永續與成長

文：林玉圓　　圖：工研院

因應淨零目標，政府規劃開徵碳費，建立碳交易平台。工研院展出多項淨零科技與服務，免費提供「工研院碳盤查系統」給 21 家公協會、上萬會員廠商使用，協助企業降低減碳門檻，讓產業升級、經濟發展與淨零成果齊頭並進。

工研院舉辦「2023 打造淨零時代競爭力論壇暨特展」，集結國內 26 位產官學研重量級專家、全臺 21 家公協會，共同推出淨零永續相關解決方案。包括免費提供「工研院碳盤查系統」給本次參與的公協會上萬名會員廠商使用，透過「一站式淨零排放平台服務」網站，滿足廠商一站購足減碳方案需求；此外也首創「淨零融資」服務，協助中小企業與新創公司以淨零技術獲得融資，順利轉型升級。

跨域合作　淨零 7 件事

行政院副院長鄭文燦表示，政府 2022 年提出「臺灣 2050 淨零排放路徑」與「12 項關鍵戰略行動計畫」，希望減碳的同時，也利用臺灣堅實製造能量及全球供應鏈重要樞紐的地位，開創綠色成長商機。2023 年 1 月，行政院核定「淨零排放路徑 112-115 綱要計畫」，匯集 9 個政府重要部會，預計 4 年投入新臺幣 743 億元，共同發展淨零計畫，協助國內產業、相關領域與國際接軌，帶動國家整體淨零轉型。

鄭文燦指出，工研院是淨零技術的火車頭，希望工研院針對生質能、電動車、與地熱等技術，給產業更多提升與協助，讓臺灣的淨零轉型，能走得更穩、更好、更遠。

工研院董事長李世光也指出，因應淨零排放趨勢，工研院在經濟部指導下，以跨域合作推動淨零排放 7 件大事「財、米、友、研、將、查、促」，其分別代表減碳智財專利、資金、產業淨零轉型服務團、創新減碳技術、人才培育、企業碳盤查、一站式淨零排放平台，期盼藉此 7 件大事幫助產業減碳、提升競爭力。

工研院邀集多家產業領袖，分享低碳製造心法。左起為東元電機處長孫健榮、台達電子永續長周志宏、臺灣電路板協會理事長李長明、工研院院長劉文雄、巨大集團 ESG 經理劉家傑、工研院副院長胡竹生

三大特色、42 項關鍵技術

工研院院長劉文雄指出，「2023 打造淨零時代競爭力論壇暨特展」有三大特色：

第一，提供「工研院碳盤查技術」，找出減碳熱點。這項技術計算產品生命週期碳足跡，目前已吸引逾 700 家廠商加入。

第二，端出「一站式淨零排放平台」，以客戶為中心，如百寶箱般全方位提供淨零新知、服務、技術、人才培育等。

第三，建立全國首創的淨零融資服務，鏈結臺灣企銀、台新銀行、土地銀行等 40 家臺灣金融行庫，讓擁有淨零減碳相關專利技術之中小企業與新創公司，能以淨零專利技術獲得資金挹注。

「2023 打造淨零時代競爭力論壇暨特展」也從「能源供給」、「需求使用」、「低碳製造」、「環境永續」等面向，展出 42 項關鍵淨零技術。包括可預知損壞的「智慧化地熱電廠」，可提升發電效益到 1MW 以上；節能效率高於 IE4 規範等級的「工業用高效率馬達」，最高可節省 20% 至 30%的用電量。

此外，可客製化調控分解速度的「常溫土壤可控生質分解膜材」，解決傳統農膜需動用大量人力回收難題，相較於傳統焚燒方式可減少超過 5 成以上碳排；全球首創的「南科再生水利用」，達到半導體製程嚴苛的水質要求，已協助半導體產業進行製程水再生利用，預計日產 2 萬立方公尺的再生水。

在淨零排放的路上，政府日趨積極，除成立「氣候變遷署籌備處」，預計 2024 下半年徵收碳費，還將設立碳權交易平台。工研院副院長胡竹生表示，在法規與產業環境丕變之際，

「2023 打造淨零時代競爭力論壇暨特展」集結國內 26 位產官學研重量級專家、全臺 21 家公協會等能量，共同端出淨零永續相關解決方案

現階段企業因應淨零排放的兩大關鍵課題，一是資訊面，像是碳排標準未定，未來仍存在許多變化；第二是資源面，企業除了本身責任，也須兼顧成本取得平衡，如淨零人才的培養等，都是思考的方向。

淨零永續辦公室

胡竹生指出，工研院 2022 年成立「淨零永續辦公室」，提出淨零服務與淨零技術兩大減碳功能。淨零服務包括：碳排技術整合、碳減商業模式建置及碳權交易的輔導、永續碳管理平台等；淨零技術則分為能源供給、需求使用、低碳製造、環境永續 4 個構面，今年再新增「經貿面」，開啟淨零綠色金融服務，盼透過淨零服務與技術，協助產業與世界淨零趨勢並駕齊驅。

臺灣製造業居全球樞紐地位，占臺灣 GDP 約 3 成，占溫室氣體排放超過 5 成。面對「2050 淨零排放」目標，臺灣企業如何完成營運與產品的淨零轉型？

針對全球碳排最低的自行車、半導體不可或缺的 PCB 電路板、領先世界的低碳電源管理系統，以及攸關工業減碳的節能馬達，工研院「打造淨零時代競爭力論壇」邀集巨大集團、臺灣電路板協會、台達電子及東元電機，分享低碳製造心法。

低碳製造　實例分享

巨大執行長劉湧昌表示，「REDESIGN、RETHINK、RECYCLE」是巨大集團的減碳關鍵字。巨人投入過去一年從兩岸工廠的碳盤查、製造源頭的材料、初始的設計開發，一一找出減碳關鍵。舉例來說，巨大發現再生鋁的強度竟然比新鋁還好，因此進一步針對鋁材進行分析，找到特性最佳、兼顧減碳效益的材料。此外，透過縮小塗裝線的噴漆作業空間，全年可節電 33.4 萬度，相當於 170.4 頓二氧化碳排放量；另外，巨大也投入廢水回收，塗裝製程的年節水量可達 5,300 頓。

臺灣電路板協會理事長李長明，分享了 PCB 產業的低碳轉型。他指出，PCB 產業雖不是碳排大戶，但擁有許多國際品牌客戶，其淨零時程大多設在 2030 年至 2040 年之間，PCB 業者為了提升競爭力，也積極導入減碳。

工研院打造一站式的碳管理平台架構，包含碳盤查碳足跡、製程節能減碳、循環材料應用、數位查證等，協助業者達成淨零轉型

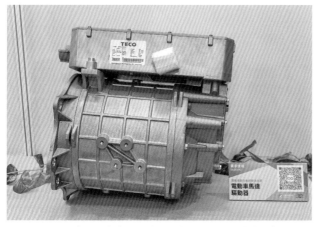

工研院研發電動車馬達驅動器已技轉給東元電機，符合國際車輛電動化需求、節能減碳的趨勢

工研院協助業者淨零轉型，一德金屬思考採購既可兼顧品質又降低碳排的原料製作門鎖

透過溫室氣體盤查及耗電熱點分析，PCB產業的碳排量大多來自間接排放，占比達77%，從而歸納出減碳三大主軸：「產業自主節能、再生能源、負碳／碳交易」。此外，並制定短中長期計畫，先減少高碳排燃料的使用以降低直接排放，未來將進一步降低間接排放以及價值鏈排放，並推動設計源頭減廢等。

台達是減碳永續的先行者，該公司永續長周志宏表示，台達的經營使命是「環保 節能 愛地球」，早在2015年，台達就與國際接軌，投入永續倡議，並在2017年通過科學減碳目標SBT。2021年，台達的碳密集度（CI）已下降71%，全球各據點的再生電力使用比率達55%，2030年將達到百分之百使用再生電力並實現碳中和，2050年做到真正的零碳。

在這些成果的背後，台達投入許多實際行動，包括生產據點的節能、興建32棟綠建築、協助客戶落實產品節能，累積減碳數量相當可觀。「台達內部很早就開始訂定碳費，從50美元起跳，2021年的內部碳費就與聯合國建議2030年的300美元水準一致，」周志宏說，台達收取的碳費，回饋給工廠進行節能管理及再生能源管理。目前台達所有建築屋頂安裝的太陽能板，均由碳費支持。

分析臺灣用電，工業用電占56%，馬達又占其中的64%，馬達能效攸關節能至巨。東元電機孫健榮處長指出，臺灣在2016年將IE3列為馬達能效標準，歐盟則已進入IE4的更高等級。東元電機不斷創新研發，領先投入IE5、IE6馬達的開發，並盡可能不使用稀土資源。東元研發的節能低碳馬達，協助客戶節電，已有許多成功案例。例如PCB廠將IE1等級馬達全面汰換，改採82顆高等級IE3感應馬達，以及79顆IE4等級的永磁馬達，每年省下211萬度電，減少106萬公斤的碳排量。

Wa-People

表揚五項金牌創新技術

2023
工研菁英獎
邁向價值創新

文：王麗娟　　圖：李慧臻

工研院 50 周年，素有工研院奧斯卡獎美稱的工研菁英獎於 2023 年 6 月 21 日頒獎表揚五項金牌創新技術團隊，展現工研院在產業化貢獻，及全球首創創新技術的堅強研發實力。

工研院 50 周年，工研菁英獎於 2023 年 6 月 21 日頒獎表揚五項金牌創新技術團隊，以二項豐碩的產業化成果加上三項「全球首創」的創新技術，涵蓋生醫、AI、5G 等重要應用領域，展現工研院以價值創新，為產業先行，布局臺灣下世代產業發展的研發實力。

研發以市場為導向

工研院院長劉文雄表示，今年是工研院 50 周年，過去臺灣產業經濟轉型的每個轉捩點，工研院都扮演關鍵角色。展望下個 50 年如何持續成長轉變，在經營策略上，工研院將透過「企業管理」、「數位轉型」、「國際鏈結」三個方向，幫助組織文化轉型，孕育企業 DNA，創造新價值。在研發策略上，工研院秉持「研發以市場為導向」的思維，重新思考問題，進而找到新的解決方法與商機，幫助產業從技術創新邁向價值創新，像是本次獲得工研菁英獎的五大金獎，就是秉持創新思維，成功為產業解決痛點，開拓新市場。

加速眼科新藥開發

根據日商環球訊息（GII）調查，2020 年全球眼科藥物市場規模 367 億美元，預期 2028 年將成長至 704.9 億美元，年複合增長率達 8.5%。不僅全球競爭者少，且開發期程短，臨床試驗最快僅需五年，是適合臺灣企業「彎道超車」的利基市場。

工研院院長劉文雄（左三）頒發 2023 工研菁英獎，左起，得獎代表電光所組長莊凱翔
生醫所副所長呂瑞梅、生醫所副組長鄭淑珍、資通所經理李雅文、材化所經理朱育麟

工研院生醫所的「創新眼科 CRDMO 產業化服務平台」獲得「產業化貢獻金獎」，副所長呂瑞梅表示，工研院的「委託研究開發暨製造服務」（CRDMO, Contract Research Development & Manufacturing Organization）平台，聚焦廠商在眼科新藥開發的需求，協助業者提高臺灣創新眼科藥物的價值與國際競爭力，成功扮演「產品加速器」的角色。

去年生醫所透過這個平台，開發出治療青光眼的新藥，獲頒工研院「傑出研究獎」金獎，今年開發出的「治療濕式黃斑部病變眼藥水」，讓眼底疾病的治療免打針，再次拿下「傑出研究獎」金獎。

「從青光眼、黃斑部病變、乾眼症，葡萄膜炎、脈絡膜及角膜血管新生，以及糖尿病衍生的視網膜病變，工研院的眼科 CRDMO 產業化服務平台蒐羅許多動物模式（animal model），協助業者研發眼藥。如果單一業者要建構這樣的平台，耗資規模非常龐大。」

呂瑞梅指出，「對於開發眼科新藥的公司來說，工研院的眼科 CRDMO 服務，是一站式的服務平台，不但替廠商省下鉅額投資，同時也加快臨床驗證速度，落實創新開發的技術，往商品化的發展更邁進一步。」目前工研院已經與超過 10 家生技與醫材業者，在此服務平台上，展開密切合作。

AI 晶片國產自主

工研院協助產業迎戰 5G 時代新商機，積極開創國內 AI 人工智慧晶片自主研發設計能力。

工研院電光所感知運算晶片系統組組長莊凱翔，在副所長駱韋仲陪同下，代表「AI 晶片國產自主，由核心價值啟動應用生態」的技術團隊，領取「產業化貢獻金獎」。

莊凱翔指出，「AI 是帶動我們半導體產業，以及 IT 產業成長最主要的動能。我們開發了 AI 核心晶片的關鍵矽智財 IP，包含演算法及完整的應用方案，可以很容易導入各種電子產品中，讓本來沒有 AI 功能的電子產品，包括筆電、桌上型電腦攝影機鏡頭及各種行動裝置等，搖身一變，都擁有 AI 功能。」

其次，工研院 AI 核心晶片的關鍵矽智財 IP，透過技術移轉，或提供記憶體高速存取架構及製程服務給廠商，進行 3D 堆疊整合記憶體與邏輯晶片，可以做到較傳統架構的頻寬提升 10 倍以上，資料移動能耗可降低至少 1/10。

此外，工研院也與國際 EDA 大廠 Cadence 合作，提供 AI 晶片、IP 及應用系統參考設計，建立一條龍整合設計平台，成立實驗室，提供全流程設計服務，為雙方歷年最大規模的合作案。

莊凱翔表示，這套 AI 核心晶片應用方案已成功導入國內包括晶圓代工、IC 設計公司等 10 家業者，從硬體核心、演算法與智慧應用，建立自主開發與量產能力；此外，透過「台灣人工智慧晶片聯盟」（AI on Chip Taiwan Alliance，AITA），跟國內 150 家業者展開密切合作，建立 AI 晶片系統生態系。

「傑出研究獎」金獎三得主

首座「傑出研究獎」金獎，由全球首創的「治療濕式黃斑部病變眼藥水」技術團隊獲得。濕式黃斑部病變是長者的常見疾病，由於 3C 產品普及，年輕患者也逐漸增加，傳統治療需要患者每 1~2 個月跑醫院一趟，由醫師進行「眼

工研院生醫所「創新眼科 CRDMO 產業化服務平台」獲得「產業化貢獻金獎」，左起工研院院長劉文雄、生醫所所長莊曜宇、副所長呂瑞梅

工研院電光所協助 AI 人工智慧晶片國產自主，獲頒「產業化貢獻金獎」，左起電光所組長莊凱翔、工研院院長劉文雄、電光所副所長駱韋仲

內注射」來治療，此治療方式有出血、感染，還有眼壓上升等風險。工研院開發出治療濕式黃斑部病變眼藥水，最大特色就是「滴眼藥水就可治療、不必上醫院打針」，運用「配位超分子複合載體技術」，讓眼藥水的藥效可以穿透眼睛層層的結構，抵達眼球底部進行治療。經前臨床多重疾病模式驗證，這款眼藥水與現

2023 工研菁英獎　五項金獎技術

產業化貢獻獎

創新眼科 CRDMO 產業化服務平台	● 鎖定 6 種眼科疾病，助業者研發眼藥 ● 涵蓋所有製程，提供客製化研發眼科新型分子藥物、新劑型藥物及含藥複合醫材 ● 與 10 家以上的生技與醫材業者合作
AI 晶片國產自主，由核心價值啟動應用生態	● 提供晶片設計業者關鍵 IP ● 建立創新商業模式 ● 與國際 EDA 業者建立一條龍設計方案 ● 協助超越 10 家晶圓代工 IC 設計業者

傑出研究獎 - 三項皆全球首創

治療濕式黃斑部病變眼藥水	● 滴眼藥水就可治療、不必上醫院打針與現行眼內注射的療效相當 ● 已取得臺灣、日本、歐盟等市場專利
眼底影像人工智慧判讀技術	● 標記超過十萬張眼底影像，訓練 AI 模型，提供糖尿病患者的 眼底影像 AI 輔助診斷與偵測系統 ● 國際唯一可同時診斷糖尿病視網膜病變、糖尿病黃斑部水腫，並可自動偵測清楚標示病徵組織結構位置 ● 針對一般民眾提供 14 種眼底異常的判讀結果
新世代毫米波 PI/ 液晶高分子使用軟性電路板材料	● 塗佈型膜級液晶高分子（LCP）聚合技術能將液晶高分子與傳統 4G 製膜材料混合滿足 5G 高頻高速需求 ● 已有全球獨創專利

資料來源：工研院（ITRI）
整理製表：產業人物 Wa-People

行眼內注射的療效相當；若成功上市，有機會取代現行「眼睛打針」的治療方式，目前已取得臺灣、日本、中國、歐盟五國的國家專利，並已完成技術移轉，進入二期人體臨床試驗。

　　第二座「傑出研究獎」金獎得主，是「眼底影像人工智慧判讀技術」團隊。根據健保數據統計，臺灣約有 220 多萬的糖尿病患者，10 年內 30% 會發生視網膜病變，工研院眼底影像 AI 判讀技術，可輔助非眼科醫師診斷糖尿病患者的視網膜與黃斑部病變，可提高病患早期發現之比率。本項技術集結 50 多位眼科專科醫師、標記超過十萬張眼底影像，訓練 AI 眼底判讀模型，是國際上唯一可同時診斷糖尿病視網膜病變、糖尿病黃斑部水腫，並透過自動偵測清楚標示眼底四種主要病徵、二種組織結構位置之技術，有效輔助醫師解釋病情的嚴重程度；不僅可診斷糖尿病眼底病變，更延伸至判讀一般民眾的 14 種眼底異常（如青光眼等），最後建構的心血管疾病 AI 風險預測模型由於加入可以直接觀測血管變化的眼底影像，提高準確度 5%~10%，完善糖尿病患全面性照護。

　　第三座「傑出研究獎」金獎，由「新世代毫米波 PI/ 液晶高分子軟性電路板材料技術開發」團隊獲得。隨著 5G 逐漸普及，印刷電路板（PCB）下游終端產品，包括智慧手機、平板電腦、PC 及可穿戴設備高階消費性電子產品的需求大幅成長。過去作為 4G 無線通訊天線軟板材料的聚醯亞胺（PI）膜，無法適應 5G 的高頻高速要求，工研院長期致力於關鍵材料開發，研發出液晶高分子（LCP）膜材，全球首創將含氮的可溶性元素導入 LCP 材料中，成功將 LCP 與傳統 4G 製膜材料混合使用，成為高頻通訊時代的優勢產品。這項新一代的材料，滿足 5G 高頻高速需求，是臺灣在發展 5G 關鍵技術上的一大突破，目前已發表全球獨創專利。

Wa-People

工研院 50周年
看照片 說故事

文：編輯部
圖：工業技術研究院

1976

1973

1977

1973

1月25日立法院三讀通過成立工研院的「工業技術研究院設置條例」法案。6天後，「總統令」於1月31日正式發布。總統府資政、前行政院院長孫運璿曾說過，自己有六個孩子，前四個是老婆生的，老五是台電，老六則是工研院。1973年的這份總統令上，看得到孫運璿時任經濟部長

1976

工研院派員赴美國RCA訓練，引進三吋晶圓並發展半導體製程技術。右二起：史欽泰、陳碧灣、劉英達、戴寶通、曾繁城、倪其良、曹興誠

1977

全國第一座「積體電路示範工廠」落成，由時任經濟部長孫運璿主持生產線啟動典禮

1991

1991
史欽泰帶隊與南非科學工業技術研究院簽訂
「中斐量測標準相互認可協議」

1979
工研院帶領廠商開創新局,奠定臺灣電腦王
國發展。1979 年研發中文二號電腦,應用
於交通部電信訓練所,執行中文顯示及資料
編輯工作

1985
工研院與巨大機械合作開發碳纖維自行車架

1984
超大型積體電路(VLSI)實驗工廠開工
右起:曾繁城、胡定華、潘文淵、史欽泰、
章青駒

1979

1985

1984

2019

工研院與世界同步，推出第一波 5G 小基站產品。開發符合國際標準組織 3GPP 標準規範並相容 O-RAN 規範 5G 基站軟體技術與軟硬整合的解決方案，使臺灣能提早布局未來網路設備的「白牌化」商機

1994（左）

工研院完成每秒可傳輸一千萬位元（10Mbit/s）的網路集線器及乙太交換機，促使臺灣成為全球區域網路交換機最大供應國

1994（右）

共用引擎 16 汽門雛型機啟動典禮，左起：經濟部部長江丙坤、工研院機械所所長蔡新源、工研院院長史欽泰、中華汽車總經理林信義

1993

工研院電子所次微米實驗室落成，這是國內首座八吋晶圓廠右起：施顏祥、曹興誠、張忠謀、史欽泰、盧志遠

2012

2019
轉向架走行測試設備
Bogie Running Tester

2019

2020

2012

工研院與 Intel、鈺創共同開發「新世代記憶體與處理器堆疊 3D IC 技術」，為國內首創 DRAM 與 CPU 的 3D 堆疊高階建模技術。左起：工研院資通所所長吳誠文、經濟部技術處處長吳明機、Intel 技術長 Justin Rattner

2019（上）

工研院攜手高鐵，打造全臺第一座「轉向架走行測試設備」（BRT），強化高鐵營運安全，全面推動軌道產業國產化

2019（下）

工研院開發全球首創的「RAIBA 可動態重組與自我調節之電池陣列系統」，可整合新、舊電池模組的儲能系統，減少電池系統無效能量並延長系統循環壽命，獲 2019 全球百大科技研發獎，已與致茂電子、華城電機、加油站轉型充電站之業者合作

2020

工研院開發出「高能量及高安全樹脂固態電池」，以高離子導電樹脂（NAEPE）材料取代易燃的電解液，具有安全、高溫循環壽命佳等優點。榮獲 2020 全球百大科技研發獎，已技術移轉台灣中油、台塑、有量及格斯科技

初心不變，創新敏捷

走過半世紀
工研院史料文物館開館

文：余孝先口述、楊秀之記述　　圖：工研院、李慧臻

工研院的發展歷程與台灣產業密不可分；然而，許多研發過程中的重要文物未能及時保留，以至隨著時代變遷、組織異動與人員更迭而遺失，至為可惜。在余孝先總營運長的號召下，開始收集、審核、典藏…，2023 年「工研院史料文物館」正式開館。

2023 年，工研院 50 歲。回顧過去半個世紀，工研院的發展與台灣產業密不可分，屢屢扮演推動台灣科技創新與產業發展的重要角色。然而，從開發完成國內第一顆商用 IC(CIC001)、第一部 IBM 相容個人電腦、第一批 3.5 英吋磁光型光碟機及唯讀型光碟機雛型機、全國第一部噴漆用機器人…等，許多研發過程中的重要文物未能及時保留，以至隨著時代變遷、組織異動與人員更迭而遺失；而這些歷史文物是工研院，也是台灣科技發展的共同歷史，應該要有適當的制度保存。

緣起 - 有據有序

「其實這個念頭在我心裡已經很久了，有一天我跟劉文雄院長提這件事，院長很支持，就讓我去安排」工研院史料文物館的總負責人余孝先總營運長娓娓道來這歷程。於是 2020 年中在余總的號召下，一群人開始密集開會討論、定義「史料文物」、收錄範圍、標準、審核機制、組織架構…，並且訂定辦法與須知，讓收錄典藏文物「於法有據」且「有據有序」。

接著邀請各單位高階主管代表成立「史料文物委員會」，不但讓收集文物的觸角延伸到各單位，也藉由委員讓各單位意識到「收集、

工研院 50 周年院慶這天，工研院總營運長余孝先為貴賓導覽「工研院史料文物館」

保存文物」是必要的、有價值的使命任務。於是，工研院成立以來，第一次正式啟動全院、全面性的收集「史料文物」。同時，邀請歷任院長、外部專家組成顧問團，提供文物收錄的方向與建議。

啟動 - 收集、整理、典藏、展示

「我們覺得收集歷史文物到某個程度，當然是要有一個永久的展示地點，不只是收在抽屜裡面。因為文物能夠對後人有所影響才有它的價值，放在抽屜裡很難對人有影響。」余總說。工研院對科技研發流程很熟悉，但是建一

座「史料文物館」完全沒有經驗。因此，在以工程背景居多的院內建置團隊成員外，特別聘請外部專家包括：陽明交大龔書章教授、臺灣歷史博物館前館長呂理政、專業顧問吳漢中等組成顧問團隊；經過公開評審，選定由宜東、叁式及樸實三家策展公司共同組成的文物館建置團隊。2022 年開始了漫長的籌備過程，一次又一次的會議討論、翻案、重來／調整…，凝聚論述的共識，並朝向在工研院 50 周年慶時開幕的階段性目標。

「工研院史料文物館」從無到有，由余總一手催生。全館共 11 個單元，包含 7 個產業領域：單元 1 洞見：先鋒的視野；單元 2 締造：

時代的印記；單元 3 點燃：護國的矽金 ── 半導體產業；單元 4 吹響：數位的號角 ── 資通訊產業；單元 5 轉化：物質的關鍵 ── 材化產業；單元 6 驅動：世紀的引擎 ── 車輛產業；單元 7 串連：黑手的聚落 ── 精密機械產業；單元 8 守護：生命的健康 ── 生醫產業；單元 9 永續：共生的哲學 ── 永續產業；單元 10 共創：產業的群山；單元 11 維新：卓越的心法。

單元 3 到單元 9 呈現工研院擴散出去的

洞見：先鋒的視野
INSIGHT:
VISION OF VANGUARDS

孫運璿先生為台灣科技自主，在立法院力爭成立工研院

七個產業領域，站體的表現與內容統一以「洞見、創新、分享」為主要論述。「洞見，是說當年的前輩們看到什麼樣的機會；看到機會有本事把它做得很好，這個是創新；你做得很好以後，把它擴散出去，這個是分享。所以努力於每個站體都用同樣邏輯論述。」余總說明。以單元 3 半導體產業為例，歸功於當年潘文淵等前輩們的「洞見」──確立以半導體為發展方向；接著從電子所派員到 RCA 受訓，引進技術後，經過工程師們的努力研發，成果比母公司的技術更棒，這個是「創新」的能力；最後技術擴散到聯電、台積電、世界先進⋯，這是「分享」。每個站體的故事都是按照時間軸以這三個層次的論述來表達。

文物館除了典藏展出具有歷史代表的文物外，余總非常在乎整體要傳達出的工研精神與卓越心法，特別是入口處呈現的意涵與出口處

要讓參訪者帶回去的概念。所以，參訪者進入文物館立刻映入眼簾的是孫運璿先生當年在立法院爭取工研院成立鏗鏘有力的話語，傳達出工研院成立的意義與價值；出口處，史欽泰前院長的墨寶─「創新不易，策略性退出更難」，讓參訪者感受工研院「利他」的精神。因為工研院一旦技術開發成功，就會鼓勵「他」離開。這裡的「他」包含了技術、團隊人員、甚至設備、廠房都轉移，工研院策略性退出。這樣以「利他」為核心理念的組織，國內極少見，一般的營利事業幾乎不可能發生。

維新 - 卓越的心法：工研學

「除了研發成果和產業效益是工研院外顯容易被看見的價值之外，內在有甚麼是讓一個組織能夠生生不息的元素？我稱之為『工研學』」。以前我看紅樓夢，人家說研究紅樓夢

史欽泰前院長的墨寶，傳達了工研院「利他」的核心理念

「工研學」的核心是「維新」，傳達出工研院是一個隨著外部環境不斷求新求變的組織

是『紅學』，研究工研院我就直接叫『工研學』」喜歡文學的余總說。「工研學」的核心是「維新」，工研院是一個求新求變的組織，隨著外部環境的改變，內部組織或政策即快速敏捷的調整，源源不絕注入新的動能，反應出不斷的洞見、創新與分享。

這樣的維新概念展現在不同時期工研院推出的 slogan，五組 slogan 金句包括：以科技研發帶動產業發展，創造經濟價值，增進社會福祉；國際級的研發機構產業界的開路先鋒；創新、誠信、分享；創新藍海，接軌國際；淨零轉型，永續發展。各代表工研院不同時期要強化的價值觀，從這個面向看過去就看到當時的定位、核心價值跟自我要求。

是工研院院友也是院士的盧志遠舉例說出工研院創新與利他的精神，「談到工研院的心法：創新。用次微米計畫來做一個例子，當初我們選擇風險很大的 8 吋晶元技術來做，他很有可能會失敗。可是工研院的精神：成功不必在我。我們都願意把這個最有價值的東西做出來，留在這個社會中；就算團隊失敗了，散開來了，那麼也是遍地開花了。所以我們當初寧願八吋失敗，也勝過 6 吋的成功。因為這個八吋雖然失敗，也不是真正的失敗，只是一次挫折而已。我想這都是工研院一波接一波走到今天 50 年一個成就，我相信有這樣子的精神，工研院的成長跟永續經營絕對不成問題。」

締造時代的印記：大事紀

「每個站體都有獨立表達的主題，而我想在中軸（大事紀）表達出整體感，表現出工研院在過去五十年的歷史的長河中，有什麼樣的

「大事紀」站體由遠處宣洩而下一片時光流沙，進入山水國畫的意境，呈現出由遠山的世界局勢，到近處臺灣面臨的處境，此時工研院的作為

作為。所以我跟團隊講用山水畫的概念，最遠的是遠山，然後近山，最近處就是有一些小橋流水啊等等，我就想營造那個感覺。在研發成果產出的當時，世界上發生了什麼大事？台灣發生了什麼大事？工研院在那時候做了什麼樣的事，有什麼作為。」喜歡研讀歷史的余總說出內心想呈現的世界觀與工研院的關係連結。

走進中軸「大事紀」，互動媒體即由遠處宣洩而下一片時光流沙，進入山水國畫的意境，讓參訪者在歷史長河中，由遠山的世界局勢變遷與改變，到近處臺灣面臨救亡圖存之關鍵時刻，工研院在此刻的作為與成果。余總舉 1970 年代為例，1971 年台灣退出聯合國（國際局勢），在面臨內外交迫的環境，我們的出路唯有靠人跟科技（台灣處境）。那個年代大學畢業生非常少，每個公司請兩個研究人員也很難做出成果，人才不敷使用。與其這樣分散，不如把他集中在一個單位，工研院於焉成立（工

研院誕生）。幾千個人聚集在一起，彼此互相切磋琢磨，可以做比較大的計畫與成果，成果可以給幾千家、上萬家用；這是工研院成立的初衷。

再看看 2000 年世界局勢與工研院的變動。2001 年，台灣加入 WTO，不僅在出口時消除各國的關稅壁壘，讓大家貨物自由流通（國際局勢）；同時，台灣的關稅障礙也打破了，全世界各種產品都可進入台灣，國內既有產業立即受到巨大挑戰，要存活必須提升台灣產業的競爭力（台灣處境）。工研院當時的研發與擴散策略就跟早期的半導體或 ICT 去創造一個全新的產業不一樣，必須考量既有各式各樣的產業都需要透過技術提升競爭力，所以當時工研院的研發成果就很多元（工研院因應作為）。

期許　傳承

工研院史料文物館的建置，以「洞見、創新、分享」為核心的內涵，建立制度收錄過去的歷史文物，讓參訪者能夠認識工研院，了解工研院對社會的影響與重要性。對院內同仁而言，能夠見賢思齊，同感榮耀進而效法先進們的精神；並且深入的瞭解組織文化，鑑往知來，引發出創新思維與擴散的漣漪，也為工研院永續經營、生生不息的精神，一棒一棒的傳承下去。

Wa-People

地球繞一圈
20年後她回到新竹

文：編輯部　圖：古榮豐

外貿協會（TAITRA）新竹辦事處主任李孟娟（右3）主辦「布局新東向 - 美國市場商機」研討會，邀請左起貿協市場處專員黃亭維、美國新墨西哥州經濟發展廳台北代表處處長陳怡辰、新東向產學研聯盟執行長陳孝昌分享市場經驗與資訊。另邀得台灣科學園區同業公會秘書長張致遠（右2）、新竹縣工業會涂睿騰總幹事（右1）共襄盛舉

2000年，她陪同日本工業銀行研究員走訪台積電、聯電、世界先進，2023年初，全球高度關注臺灣半導體產業的時刻，她安排德國第一大電視廣播媒體記者專訪潘文淵基金會、群聯電子、晶心科技、宜特科技等單位與公司。

20年如一日，外貿協會（TAITRA）新竹辦事處主任李孟娟總是衝到第一線，不論是在新竹辦事處、在台北總部、在台中辦事處或是外派舊金山，念念不忘的就是扮演好外商與台灣企業的橋樑，對外商一開口就是推廣台灣的優勢與台灣的企業，對國內業者就是滔滔不絕地介紹外貿協會的駐外資源、展覽平台及數位行銷。李孟娟表示，她恨不得每位企業家及每一家公協會會員廠商都可以充分地運用外貿協會及經濟部的資源，大賺錢，賺大錢！

李孟娟是來自臺灣中部鄉下的小孩，高中聯考考取北一女中及台中師專，父親覺得當老師好，反而不認識字的母親鼓勵她讀北一女中，因為鄰居說進北一女，一定可以進大學。就這樣，李孟娟單槍匹馬到台北闖天下，沒想到最後進到外貿協會，協助廠商真正闖天下。

她說外貿協會協助廠商的工作意義不凡，讓她人生更多彩，認識更多朋友。當初外貿協會開設新竹辦事處，開幕典禮還是阿扁總統主持的呢！

經過了20年，地球繞了一圈之後，李孟娟又回到新竹，生龍活虎地在2023年最夯的議題「布局新東向 - 美國市場商機研討會」開場歡迎與會業者，她呼籲大家好好用貿協，將產品及服務賣向全世界！

Wa-People

李孟娟
外貿協會（TAITRA）新竹辦事處主任

- 射手座、南投人、喜歡大聲笑
- 新竹企經會2023「傑出社會創新獎」
- 北一女中樂隊訪美及星
- 曾派駐外貿協會舊金山辦事處
- 新竹市企經會十周年慶志工受表揚

巧借天工
高階醫材
十年磨一劍
佳音頻傳

文：王麗娟、Andrea　圖：劉國泰

十年磨一劍！亞果生醫致力開發高階醫材，從傷口照護、骨科、牙科、眼科、醫學美容微整型、美容保養品、眼部護理保養品，到組織工程再生醫學，歷經多國專利布局，成功取得上市許可証書，已醞釀出豐沛的成長動能！

　　亞果生醫（ACRO Biomedical）專注研究開發人體組織工程修護材料相關的高階醫材，自2014年成立以來，以獨特的「超臨界二氧化碳流體去細胞技術」，開發出的產品涵蓋傷口照護、骨科、牙科、眼科、醫學美容微整型、美容保養、以及組織工程再生醫學等領域。

人工眼角膜　重要里程碑

　　如今，亞果的產品在牙科、骨科及傷口照護領域持續成長，另外，在人工眼角膜、腎臟「器官重建」也都傳來好消息。此外，兩大殺手級產品鎖定毛髮增生及抗老化皺紋填補市場，辛勤耕耘的研發成果，正迎向遍地開花的豐收之年。

　　2022年底，亞果生醫的「膠原蛋白眼科基質」和「組織器官再生新創技術」，再度獲得「國家新創獎－新創精進獎」肯定。

　　「膠原蛋白眼科基質」歷經四年時間，已經完成人體臨床試驗，回顧2016年亞果生醫為一隻右眼失明的吉娃娃小型犬進行眼角膜移植，並在術後一個月成功讓吉娃娃重見光明，經國際媒體Discovery Channel採訪報導後，聲名遠播海外。

　　亞果生醫創辦人暨董事長謝達仁表示，眼角膜的人體試驗自2019年投入，中間歷經疫情挑戰，終於在2022年10月順利完成，近期已經將把資料送交衛福部審查，期望2023年底可以取得許可證，屆時就能大聲地說「眼角膜

亞果生醫創辦人暨董事長謝達仁

失明的人有救了！」而這也將成為亞果生醫最重要的里程碑之一。

同時得獎的「組織器官再生新創技術」，是亞果生醫的核心技術之一，多年來除了發表多篇國際期刊論文，更在國際研討會上受到矚目。近年透過該技術開發的「膠原美粒」（應用於傷口照護及毛髮增生）及「去細胞膠原基質」（應用於傷口照護及皺紋填補）已獲衛福部醫療器材許可證；此外，牙科生物膜及牙科骨填料也獲准在菲律賓上市，現正積極與當地代理商簽約布局通路。亞果生醫為保障這項製造技術及相關應用，已取得台灣、美國、日本、韓國、香港、印度、中國及歐盟的發明專利。

營收主力第一棒　牙科三兄弟

組織器官再生，是謝達仁滿懷使命感的超級任務！亞果生醫與各大醫院及醫學中心的骨科、外科、牙科、眼科、心臟科、腎臟科的合作，研發開發的過程相當冗長繁複，從產品研發、申請專利、申請各國認證，必須逐一在各國取得上市核可之後，才能開始銷售產品。

亞果生醫目前已經開發成功的產品涵蓋人體各部位組織器官再生修護材料。目前，貢獻亞果營收的主力來自牙科。包括牙科敷料、牙科骨粉、牙科生物膜，也就是軟組織再生、硬組織再生及軟硬組織之間的阻隔膜，統稱「牙科三兄弟」。謝達仁說，亞果針對台灣各大醫

亞果生醫董事長謝達仁（前右二）與重要幹部

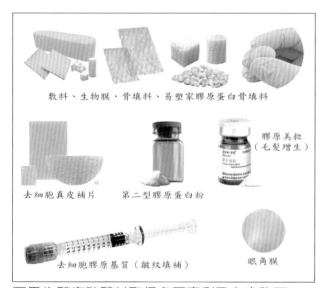

敷料、生物膜、骨填料、易塑家膠原蛋白骨填料

膠原美粒（毛髮增生）

去細胞真皮補片　　第二型膠原蛋白粉

去細胞膠原基質（皺紋填補）　　眼角膜

亞果生醫高階醫材取得多國專利及上市許可

院的牙醫門診，以及獨立開業的牙科診所，透過兩大系統積極推廣中。

　　從「植牙時如何保存齒槽」、「拔牙後的傷口照顧」，到「牙周病全口重建」等主題，亞果每個月都為牙醫師舉行技術交流說明會，從疫情期間的線上會議開始，如今已進一步延伸到實體會議。

　　謝達仁表示，亞果除了邀請經驗豐富的權威牙醫師為大家授課，未來也將以他們作為拓展海外牙科市場的種子教官。

　　2022 年 10 月，亞果生醫獲得「臺灣生物製藥卓越獎-最佳技術平台獎」，謝達仁表示，亞果多年來以「去細胞器官及其製備方法」，在許多國家取得發明專利，國內外專利數已經累積達 55 個，還有 20 幾個專利申請中，專利涵蓋的市場包括台灣、中國、美國、韓國、日本、歐洲、印度等。

最佳技術平台　兩大殺手級新品

　　亞果近期將推出兩大殺手級新產品，「第一項用於毛髮增生，第二項則鎖定皺紋填補。」謝達仁表示，基於亞果生醫的獨特技術，在清洗細胞的過程中，採用物理原理，完全沒有添加任何化學劑或其他化學交聯方式，因此不會導致過敏或任何副作用。

　　「去細胞真皮膠原蛋白顆粒」取名「膠原美粒」，針對傷口護理及毛髮增生，具有促進毛囊生成、血管生成的用途，2023 年已取得台灣發明專利。

　　「去細胞膠原基質」應用於傷口照護，並針對黑眼圈、眼袋、法令紋及皺紋填補，2023 年取得衛福部 TFDA 醫療器材證書後，已獲准上市，將進軍醫美市場，商機可觀。

　　此外，膝蓋軟體缺損修補的「第二型膠原蛋白粉」，也在 2023 年初取得 TFDA 醫療器材證書，即將於各大醫學中心進行人體試驗，正式進入亞果關節軟骨再生修護產品規劃時程中。

獨步全球的「器官重建」技術

　　謝達仁充滿信心說，全球生技產業裡，從未有人掌握「去細胞器官並重建再生器官」的技術。也因此，亞果開發出來的很多去細胞組織器官產品，成了世界獨一無二，關鍵在於亞果掌握的是平台技術（Platform Technology）。

　　亞果以「超臨界二氧化碳流體」技術，在

亞果生醫小檔案

成立	時間 ：2014 年 6 月 創辦人：謝達仁 資本額：新台幣 5.12 億元
核心技術	超臨界二氧化碳技術平台、組織工程與再生醫學（國內外專利 55 個、20 多個申請中）
產品	傷口照護、骨科、牙科、眼科、醫學美容微整型、美容保養、眼部護理保養、組織工程再生醫學
榮譽榜	2022「膠原蛋白眼科基質」獲 　　　「國家新創獎－新創精進獎」 2022「組織器官再生新創技術」獲 　　　「國家新創獎－新創精進獎」 2022「臺灣生物製藥卓越獎－ 　　　最佳技術平台獎」 2022「臺北生技獎 - 創新技術獎」銅獎 2021　第 18 屆「國家品牌玉山獎－ 　　　傑出企業類」 2021「組織器官再生新創技術」獲 　　　「國家新創獎－企業新創獎」

資料來源：亞果生醫
整理製表：產業人物 Wa-People

清除器官組織內的細胞、脂肪及游離蛋白質的同時，還能完美保留原本的膠原蛋白結構，保留原有的訊號，讓接受移植者不會產生過敏或排斥現象，同時接受移植者體內的幹細胞可以快速重建該移植之組織器官，這個就是功力！

豬的膠原蛋白基因，其 DNA 序列跟胺基酸序列跟人最接近，加上豬的器官和人體器官的大小差不多，透過亞果的超臨界二氧化碳流體去細胞技術，豬的心臟、腎臟、肝臟等器官，很有機會對人體的器官重建做出貢獻。

自 2019 年 3 月進駐三總「創新育成中心」後，亞果生醫與三總各科醫師展開密切合作。謝達仁說，近來三總泌尿科醫師正與亞果攜手，研究將豬的膀胱及輸尿管作為人工膀胱及輸尿管的可行性，期待藉以解救因長期吸毒導致尿失禁的病人。

謝達仁語帶興奮表示，目前，亞果生醫已經成功進行兔子腎臟重建試驗。透過保留一顆原本的腎臟，並移植一顆經過亞果去細胞技術

洗乾淨的腎臟到兔子身上，結果經過四個星期後，對兩個腎臟進行組織切片比對，發現已經變得幾乎一模一樣；而且新移植進去的腎臟已有尿液，表示已經有部分腎臟功能。

謝達仁表示，台灣目前健保的最大負擔是洗腎。未來，如果這項研究成功，就可以移植豬的去細胞腎臟進入人體，並重建新的腎臟，延長病人的壽命。目前與亞果生醫合作進行腎臟試驗的，是高醫的骨科團隊，計畫主持人是高雄醫學大學教授暨高醫骨科權威醫師傅尹志教授。

謝達仁說，傅尹志曾幫助被鱷魚咬斷手的病患進行縫合手術，因此被稱為「鱷魚先生」，目前腎臟重建已完成小動物試驗，接下來將進行大動物試驗。器官重建技術已取得台灣、日本、韓國、歐盟等四個地區的專利。

通過多國認證、迎接豐收年

亞果生醫 2021 年 7 月登錄興櫃，今年規劃送件櫃買中心（OTC），可望於通過審核後於今年底或明年初轉上櫃掛牌。

十年磨一劍！亞果生醫累積前面九年的基本功打底，如今正要迎向豐收的第十年。謝達仁強調，公司長時間的研究及產品開發，投入大量資金、人力、物力及時間成本，如今，在取得專利保護及各國的醫療器材認證書後，意味著各項產品正式取得上市銷售的通行證。

目前亞果生醫已取得高階醫材台灣衛福部 TFDA 的許可證書 10 張、新加坡 2 張、菲律賓 4 張、越南 3 張、泰國 3 張、印度 1 張。在國際代理商合作方面，隨著疫情趨緩，謝達仁表示，亞果已在越南、菲律賓、新加坡、印度等國家找到極具潛力的代理商，接下來將更積極開拓市場。

Wa-People

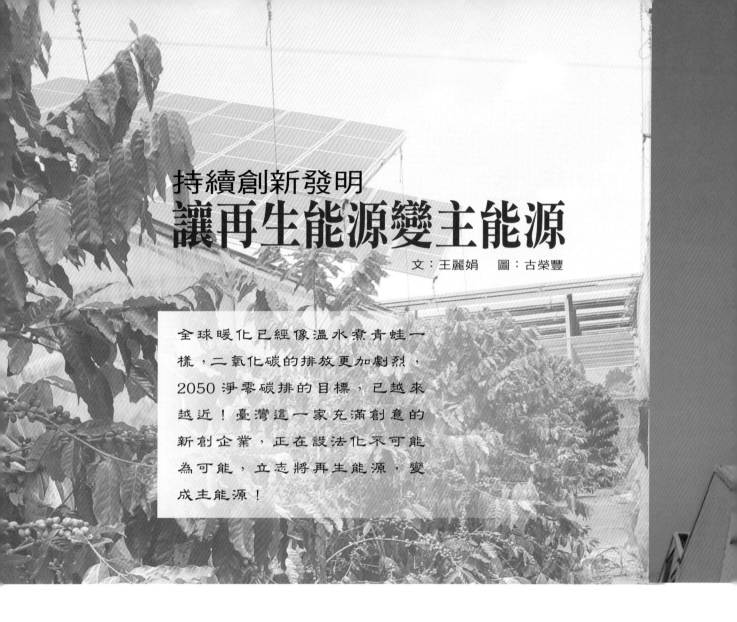

持續創新發明
讓再生能源變主能源

文：王麗娟　圖：古榮豐

> 全球暖化已經像溫水煮青蛙一樣，二氧化碳的排放更加劇烈，2050 淨零碳排的目標，已越來越近！臺灣這一家充滿創意的新創企業，正在設法化不可能為可能，立志將再生能源，變成主能源！

國家發明獎：智慧追日系統

2019 年 5 月，經濟部智慧財產局公布，太陽光電能源科技（BIG SUN ENERGY）創辦人暨董事長羅家慶發明的「智慧型追日系統」（iPV Tracker）獲得國家發明創作獎。

羅家慶表示，iPV Tracker 智慧追日系統是生產綠能，降低溫室效應的最佳設備，最重要的一項功能是可將未發電的太陽光垂直返回太陽，減少光線存留大氣層，降低溫室效應，只有使用智慧追日系統，才有辦法完成這種功能。不但可提升光電轉換效率到最大值，且發電量比固定型的太陽能板增加 50% 以上，搭配雙面發電模組可增加發電量 10-15%，搭配薄膜型太陽能模組可增加發電量 8-10%。

iPV Tracker 智慧追日系統先進的專利設計，可抗強風、架高安裝應用於農電共生、魚電共生、樹電共生，搭配溫室、網室應用，皆可安全運轉、高效發電，且可應用於下大雪區域，具有避雪功能。可串聯物聯網 IOT 進行遠端監控及操控，具 AI 人工智能系統，可變角度正向逆向跟蹤太陽，座標自動生成 100 年，適用於全球任何經緯度，至今在日本設立的太陽能電站已達 126 個，在臺灣及日本的太陽能追日市場，市佔率都是第一名。

羅家慶的發明與專利很多，其中兩大創新發明，一是上述能夠 360 度全方位轉動的智慧追日系統（iPV Tracker），二是平價又有效率的「電聚能儲能電站（ECSP）」，前者發電、後者儲電，兩者可以整合成追日儲能生態系統

太陽光電能源科技（BIG SUN ENERGY）創辦人暨董事長羅家慶

（iPV Ecosystem），讓太陽能升級為基載電力。

高效率的儲能系統

什麼是基載電力呢？就是一旦啟動，就全年持續發電的機組。「要形成基載電力，必須電量很大，而且非常穩定，所以要選擇一個能量密度很高的載體，目前找到的答案，就是熔鹽。」

羅家慶分析，熔鹽屬於熱儲能技術，在五大儲能技術中，具有能量密度高、轉換效率高、環境影響小、壽命長、成本低等優點。

「熔鹽儲能的成本，只有鋰電池的三十分之一，」羅家慶深入研究熔鹽如何加熱、產生水蒸氣、推動渦輪發電機，終於發明了新的專利，「電聚能儲能電站（ECSP）」是一個嶄新的儲能系統。

羅家慶研發出太陽能雙迴路全天候供電系統，可以讓再生能源變成主能源。白天利用第一迴路，由 iPV Tracker 智慧型追日系統直接供電；接著，在第一迴路的電力往下走時，第二迴路接棒，用熔鹽產生高溫、高壓的蒸氣，去推動渦輪發電機供電。這套雙迴路的供電系統，可以讓目前的太陽能電廠，繼續使用原有的饋線，不會浪費掉；只需加裝一套熔鹽儲能蒸氣反應爐，就可進一步提升變壓站的利用率，可從每天 3 個多小時，提高到 24 小時。

「假設未來有一天，燃煤真的要淘汰，」羅家慶說，「可以直接把燃煤鍋爐換成熔鹽儲能蒸氣反應爐，原有火力發電廠的機組、饋

線、變電站,都可保留。如此一來,就可利用電聚能儲能電站(ECSP),儲存再生能源的電,建構起穩定又大量供電的生態系統。」

發明與專利、國際鑑價高

辦公桌上,羅家慶把可以隨手記錄創意與靈感的發明筆記本,擺放在最明顯的位置。從屢獲大獎肯定的智慧型追日系統(iPV Tracker)、到近期的電聚能儲能電站(ECSP),羅家慶都是第一時間,就在發明筆記本上,把腦海中的靈感與構想寫下來。

有了專利與技術做基礎,接下來,羅家慶要做的是推廣應用。他強調,「我們的歷史任務,就是要把太陽能發電,變得具有競爭力,並達到作為基載電力的目標。」

美國資本市場鼓勵創新,對於新創企業,只要技術實力和市場前瞻性夠好,就可以透過那斯達克(Nasdaq)SPAC 上市。臺灣最大的電動機車品牌 Gogoro 就採用這個方式,在美國上市,太陽光電能源科技也規劃循此模式,踏上國際資本市場。

太陽光電能源科技(Big Sun Energy)成立於 2006 年,17 年來已在 40 個國家、取得 175 個專利,其中,70% 都是發明專利。特別是羅家慶個人發明的 iPV Tracker 智慧追日系統、電聚能儲能電站(ECSP)等 29 件發明專利,被國際第三方鑑定機構評為極具發展潛力,不但在

太陽能雙迴路全天候供電系統,結合 iPV Tracker 智慧追日系統和「電聚能儲能電站(ECSP)」,可以全天候供電

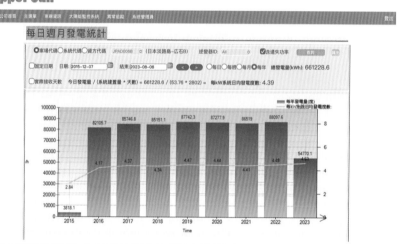

這是日本淡路島太陽能電站的發電統計表,iPV Tracker 智慧追日系統裝在這裡八年,發電效率依舊保持得很好

專利競爭力上,名列全球太陽能公司前四強,且評鑑價值高達 11.4 億美元,約當新台幣 300 多億元。

回顧十多年前羅家慶剛發明 iPV Tracker 時,當時潛在大客戶的老闆親自從美國飛抵台灣,對產品性能極為欣賞,並力薦將產品送往獨立實驗室,取得性能驗證報告,以利向銀行貸款。

就在美國獨立實驗室 B&V 出具驗證報告前夕,那家美商大廠竟然倒閉了。因此,剛出爐

「樹電共生」系統，上方的追日系統可以吸收太陽能轉成電力，下方可以種植咖啡樹，具循環經濟價值

的權威報告，轉而替 Big Sun 公司敲開了日本市場的大門。

缺電危機，有解！

美國在台協會（AIT）前理事主席卜睿哲（Richard C. Bush）在他的新書 Difficult Choices「艱難的抉擇」中，介紹「台灣有一家充滿創意的新創企業，正在設法化不可能為可能。」書中描述 Big Sun 公司開發五公尺高的日光追蹤器，可以讓太陽板隨時對著太陽，吸收太陽光，同時也在雲林種咖啡。

卜睿哲與羅家慶素未謀面，他在書中說的，其實就是 Big Sun 公司開發的「樹電共生」，這項創新也獲得農委會評為優良農電示範場域。

除了在雲林種咖啡，羅家慶也協助客戶在

羅家慶是個發明奇才，他不忘初心，希望把太陽能發電，變得具有競爭力，並達到作為基載電力的目標

屏東種可可。可可的經濟價值高，可作為化妝品及巧克力的原料，加上它是大葉林，可吸收非常多二氧化碳、排出大量氧氣，上面的太陽能板又能發電，可說是「不只零碳排，甚至是負碳排。」

「歡迎台積電等大廠，來找我們合作，讓 RE100 更符合 ESG 精神。」羅家慶表示，樹電共生的好處很多，屬於循環經濟，符合企業對環境保護、社會責任和公司治理的 ESG 精神。近期，Big Sun 公司又推出「AI 光電溫室」，積極推廣創新型的農電共生。

羅家慶自主研發，對全球再生能源做出兩大重要貢獻。第一，他發明的 iPV Tracker 無論到哪個國家，搭配任何的模組，都可以增加最多發電量，換算每一度電的成本最低，並取得最便宜的電力；第二，他發明的「電聚能儲能電站（ECSP）」取代有巨大公害問題的「聚光太陽能熱發電（CSP）」。透過這兩項發明的結合，就能擁有成為主要能源的條件。

再生能源，能夠變成主要能源嗎？台灣缺電的危機有解嗎？羅家慶給出了肯定的答案。他說，「太陽能發電，必須具有競爭力，而且要能夠達到基載電力的目標，就可以變成主要能源，解除缺電危機。」 Wa-People

焦 點 新 聞

文／圖：《產業人物 wa-people》編輯部　　　　網址：https://wa-people.com/

蘇姿丰獲雙校名譽博士

超微半導體（AMD）董事長兼執行長蘇姿丰（Lisa Su）2023 年 6 月及 7 月，分別獲頒國立清華大學及國立陽明交通大學名譽博士。清華大學校長高為元親自飛往美國德州頒授，蘇姿丰的父親蘇春槐是清華大學校友，他特別送給女兒一束鮮花，歡迎她加入清華大家庭。早在 2019 年，在交大電機系系友會會長潘健成推薦下，蘇姿丰於張懋中校長任內已通過為名譽博士，頒授典禮受疫情影響延後至今。蘇姿丰致詞表示，非常認同陽明交大「跨領域合作解決現實問題」的辦學理念。陽明交大校長林奇宏（圖左）於宣讀表彰辭後，並親自進行撥穗儀式。

IC 業者籲政府重視產業戰略

台灣半導體協會（TSIA）2023 年 3 月攜手 DIGITIMES 提出「台灣 IC 設計產業政策白皮書」，聯發科董事長蔡明介、奇景光電創辦人暨執行長吳炳昌、群聯電子執行長潘健成、聯詠科技副總經理陳聰敏、瑞昱半導體副總經理黃依瑋、聯發科技執行副總經理顧大為，呼籲政府重視全球 IC 設計產業的競爭局面，已由產業層級，升高到國家戰略層級。

捐台大醫院公務車緬懷慈母

2022 年歲末，交大光電系講座教授、友達光電獨立董事、清大材料系榮譽教授及業界導師程章林偕太太陳琪君以母親程盧瑞英的名義，捐贈 21 人座公務專車給臺大醫院新竹分院，由院長余忠仁代表受贈。程章林緬懷母親堅強、堅定不移的信心和愛心，留給孩子們刻苦耐勞、不畏犧牲的典範。他希望藉此幫助臺大醫院服務新竹地區與鄰近鄉民，並以此紀念母親慷慨及樂於助人的精神。

Arm 年度論壇：次世代運算

睽違兩年後，Arm Tech Symposia 於 2022 年 11 月 2 日實體回歸，連續兩日於台北及新竹盛大舉行。Arm 台灣總裁曾志光與外貿協會董事長黃志芳發表演說，探討全球後疫情時代衍生大量運算需求，如何以不同視角重新定義台灣半導體產業鏈的價值，鞏固台灣的技術競爭力。他們接著與遠傳電信執行副總胡德民、信驊科技董事長林鴻明進行對談，探討如何強化企業的韌性、彈性與復原力。

向土地借個火、向黃春明致敬

2023 年 5 月 16 日起連續 4 天，清華大學台文所攜手黃大魚文化藝術基金會舉辦「向土地借個火：黃春明的創作與行動」系列活動，呈現國寶級大師充滿土地關懷及在地實踐的人文精神。黃春明伉儷、清華大學校長高為元、清華台文所所長王鈺婷、黃大魚基金會董事長李瑞騰與黃建興、高美玉、李賴、辛水泉、黃國珍、涂育芸等多位董事及顧問，開心出席清華黃春明週開幕茶會。

成大普渡雙聯學位開拓新視野

2023 年暑假，成大普渡雙聯組，23 位大一、大二以及大三學生自 7 月 1 日到 7 月 16 日到美國普渡大學進行短期密集課程，除了普渡大學教授的工學院課程，更加入跨國跨文化工程師人格育成系列課程，以及普渡文學院安排的英文能力提升工作坊，並前往普渡大學奈米研究中心、核能實驗室（Nuclear Lab，如圖）及世界級機械工程研究實驗室參訪，滿載而歸。

高科實中落腳高雄橋頭

在國科會、教育部、內政部營建署、南科管理局、高雄市政府，中央與地方通力合作下，國立高科實驗高級中等學校（高科實中）籌備處於 2023 年 8 月 2 日揭牌。國科會副主委陳宗權、高雄市市長陳其邁、教育部國教署戴淑芬副署長、南科管理局局長蘇振綱、高科實中籌備處主任楊雅妃、同業公會南部園區辦事處郭春暉處長及邱志偉立法委員、多位高雄市議員與教育界代表蒞臨參加。

M31 成功驗證 7 奈米 MIPI IP

矽智財（IP）商円星科技（M31）2023 年 6 月宣布 MIPI C/D-PHY Combo IP 完成 7 奈米矽驗證，5 奈米製程已下線，滿足先進駕駛輔助系統和車用資訊娛樂系統應用的嚴格功能安全和可靠性要求。M31 研發副總經理洪誌謙表示，針對快速發展的 ADAS 市場，M31 透過跨領域合作，並提供完成矽驗證的 MIPI IP 與專業技術支援，支持客戶在 SoC 中部署最新 MIPI 介面，加速產品上市時間。

第二十屆新竹傑出經理獎

新竹企經會理事長鄭敦仁宣布，新代董事長蔡尤鏗、遠東巨城董事長李靜芳獲傑出總經理獎得主；瑞昱副總葉達勳、ITRI 電光所傅毅耕、ITRI 生醫所鄭淑珍獲傑出研究發展管理獎；ITRI 產業學院賴昶樺、ITRI 生醫所陳慧玲獲傑出科技管理獎；ITRI 資通所黃任鋒、已成總經理邱聖民獲傑出青年經理獎；聯毅處長鐘學志獲傑出創新轉型獎；外貿協會新竹辦事處主任李孟娟獲傑出社會創新獎。

PESC 聯盟迎化合物半導體商機

2030 綠電製造與 2050 淨零碳排目標下，化合物半導體具高能源轉換效率及節能效果，已成全球黑科技！工研院十年前成立「電力電子系統研發聯盟（PESC）」，攜手業者開發碳化矽與氮化鎵等化合物半導體元件技術、建立自主產業鏈、推動供應鏈在地化，持續建立從元件、模組到次系統一條龍產業鏈，2023 年 5 月 25 日發表成果，預告 2026 年超過千億新臺幣的化合物半導體商機。

台積電侯永清當選 TSIA 理事長

台積電資深副總經理侯永清接任 TSIA 理事長。TSIA 會員大會選出第十四屆理事十五席：矽品于有志、世界先進方略、力晶王其國、立錡左仲先、南亞科李培瑛、台積電侯永清、日月光洪松井、工研院張世杰、欣銓張季明、華邦陳沛銘、凌陽黃洲杰、力積電黃崇仁、鈺創盧超群、聯電簡山傑、聯發科技顧大為。監事三席：力成徐宏欣、漢民陳溪新、創意戴尚義，自 2023 年 3 月 31 日上任。

聯電、日本 DENSO 拓展車用市場

全球知名車用電子供應商日本電裝 DENSO 和聯電日本子公司 USJC 於 2023 年 5 月 10 日宣佈，雙方合作生產的絕緣閘極雙極性電晶體（IGBT）已在 USJC 的 12 吋晶圓廠進入量產，雙方特別為首次出貨舉辦典禮儀式，以紀念重要里程碑，出席者包括 DENSO 社長有馬浩二（左）、聯電共同總經理王石（右）、日本經濟產業省商務情報政策局長野原諭、三重縣知事一見勝之及桑名市市長伊藤德宇。

鄭群議獲 VLSI 最佳學生論文獎

2023 年 3 月，國際超大型積體電路技術研討會（VLSI TSA）頒發最佳學生論文獎給國立臺灣大學鄭群議（中），由 VLSI TSA 座談會主席暨普渡大學 Peide Ye 教授頒獎，右為指導研究的國立臺灣大學劉致為教授。鄭群議牢記 AMD 執行長蘇姿丰鼓勵年輕人要立志「解決世界上最棘手的問題」。他的研究，整合了鍺矽高電子遷移率通道以及六層通道堆疊技術，寫下世界紀錄。

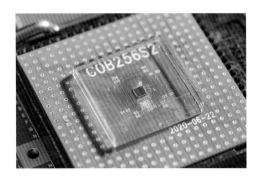

TSRI 攜手臺大重砲 3 連發

國研院半導體中心（TSRI）客製化系統晶片設計平台支援學研界發展系統晶片，2023 年 5 月已攜手臺大電機系楊家驤教授團隊於國際會議 ISSCC 發表三篇重砲論文。「AI 運算加速晶片」運算加速效能提升 4~6 倍；「7 軸自主移動機器人之運動控制晶片」提升最高運動控制頻率 22 倍與能量效率 350 倍；「次世代基因定序資料分析晶片」領先全球實現變體基因型運算，分析時間縮至半小時以內。

IEEE A-SSCC 參加人數創紀錄

IC 設計界有亞運之稱的 IEEE 亞洲固態電路研討會（A-SSCC），2022 年第五度重回臺灣主辦，11 月 6 日到 9 日於圓山飯店舉行四天，報名人數超過 580 名，創下歷年新高紀錄。右起 IEEE A-SSCC 2022 會議主席 Synopsys 全球副總裁暨台灣區董事長李明哲、韓國 KAIST 大學教授 Hoi-Jun Yoo、奇景光電執行長吳炳昌、成功大學電機系教授李順裕、IEEE 終身院士暨台大電機系名譽教授汪重光。

產業作家創業 15 年獲頒金書獎

2022 年 11 月 21 日，《產業人物》雜誌主筆王麗娟以《用心創新，站在世界舞台上》獲頒金書獎。一心為年輕人蒐集記錄產業及人物故事的她，感謝書中主角慷慨分享人生故事，感恩父母賜她好奇心與勇氣。金書獎鼓勵國內原創作者，2022 年評審團從 226 本書籍中，評選出 21 本優良「金書」，本書是王麗娟（右）深入採訪、撰寫的第四本產業人物傳記，左為中華民國管理科學學會理事賴杉桂。

陽明交大電機學院傑出研究稱霸

國科會 2023 年初發布「傑出研究獎」獲獎名單，全國共八十位學者專家獲獎。國立陽明交通大學榮獲八席，其中電機學院佔有四席，為全國頂尖大學同領域之冠。電機學院院長王蒞君開心表示，獲得榮銜的四位教授為電控工程研究所李慶鴻教授、電控工程研究所趙昌博教授、電子研究所柯明道教授及電子研究所蘇彬教授，在其專精領域的表現令人讚賞，無論在台灣或國際學術圈皆是頂尖學者。

陽明交大半導體系籌備處揭牌

2023 年 8 月 10 日，陽明交大半導體工程學系籌備處成立，陽明交大校長林奇宏主持揭牌儀式並表示，全球半導體產業面臨嚴重人才荒問題，陽明交大延伸觸角培育大學部人才，於電機學院籌備成立半導體工程學系，預計 113 學年招收第一屆 65 名學生。陽明交大三名副校長李鎮宜、陳永富、李大嵩、產學創新研究學院院長孫元成、電機學院院長王蒞君、台積電多位主管，包括首席科學家黃漢森、研究發展處長張孟凡、副處長林春榮、人才開發暨招募處長莊秀華、經理楊宗銘等人出席觀禮。

www.wa-people.com

採訪邀約、歡迎聯絡

《產業人物 Wa-People》編輯部
TEL：02-27936514
service@wa-people.com

台積電・夥伴供應鏈・創新

發 行 人：王麗娟
顧　　 問：史欽泰、陳麗楓
總 編 輯：王麗娟
企　　 劃：產業人物 Wa-People
美術主編：陳芸芙
主　　 編：李慧臻
作　　 者：王麗娟、陳玉鳳、何乃蕙、鄭仔君、Andrea
攝　　 影：古榮豐、李慧臻、蔡鴻謀、許育愷、劉國泰
美　　 編：陳儀珊
圖片支援：洪琪雯

編輯顧問：呂采容、吳律頤、吳皓筠、李佳如、林佳蓉、邱鈺婷
　　　　　俞明瑤、紀懿珊、高孟華、張慧醇、許淑珮、陳敏甄
　　　　　彭文祺、曾仏榮、楊秀之、劉佳蓉、薛荷玉
　　　　　（依姓氏筆劃順序）

責任編輯：產業人物 Wa-People
專案管理：王靜婷

出版公司：宏津數位科技有限公司
電匯帳號
帳　　 戶：宏津數位科技有限公司
銀　　 行：彰化銀行東湖分行
帳　　 號：5376-01-00951-0-00
訂　　 購：tina@wa-people.com
讀者服務：02-27936514（周一至周五 AM10:00~PM6:00）
　　　　　service@wa-people.com

印　　 製：青雲印刷有限公司
總 經 銷：紅螞蟻圖書有限公司
地　　 址：台北市 114 內湖區舊宗路 2 段 121 巷 19 號
電　　 話：02-27953656　　傳真：02-27954100
電 子 書：Readmoo 讀墨電子書　https：//readmoo.com/
初　　 版：2023 年 9 月
定　　 價：新台幣 450 元

ISBN 978-986-89590-6-4（平裝）
書　　 號：產業人物雜誌 A007
版權所有・翻印必究

Wa-People
產業人物
www.wa-people.com

產業人物 wa-people

國家圖書館出版品預行編目（CIP）資料

台積電.夥伴供應鏈.創新 / 王麗娟, 陳玉鳳, 何乃蕙, 鄭仔君,
Andrea 作；王麗娟總編輯. -- 初版. --
[臺北市]：宏津數位科技有限公司, 2023.09
128 面 ;21x29 公分
ISBN 978-986-89590-6-4(平裝)

1.CST: 半導體工業 2.CST: 技術發展 3.CST: 產業發展 4.CST: 文集

484.5107　　　　　　　　　　　　　　　　　　112013398